"创意与思维创新"
视觉传达设计专业新形态精品系列

U0692329

UI
设计与制作

微|课|版

陈磊 刘瑞洋◎主编　杜霞 郭克景◎副主编

ART

UI Design

人民邮电出版社
北　京

图书在版编目（ＣＩＰ）数据

UI设计与制作：微课版 / 陈磊，刘瑞洋主编. --
北京：人民邮电出版社，2025.4
（"创意与思维创新"视觉传达设计专业新形态精品
系列）
ISBN 978-7-115-64352-0

Ⅰ．①U… Ⅱ．①陈… ②刘… Ⅲ．①人机界面－程序
设计 Ⅳ．①TP311.1

中国国家版本馆CIP数据核字(2024)第091231号

内 容 提 要

本书以实际应用为写作目的，围绕 UI 设计的相关知识和操作技能进行介绍，全书共 8 章，遵循由浅入深、从理论到实践的原则，依次介绍 UI 设计入门知识、UI 设计应用解析、UI 设计中素材的处理、UI 控件和组件、UI 中的图标设计、移动端 App 界面设计、PC 端网页界面设计、应用软件界面设计。

本书结构合理，图文并茂，用语通俗，易教易学，不仅适合作为高等院校 UI 设计相关专业学生的教材或辅导用书，还适合作为培训机构及 UI 设计爱好者的参考用书。

◆ 主　　编 陈　磊　刘瑞洋
　　副 主 编 杜　霞　郭克景
　　责任编辑 李　召
　　责任印制 胡　南

◆ 人民邮电出版社出版发行　　北京市丰台区成寿寺路 11 号
　　邮编　100164　　电子邮件　315@ptpress.com.cn
　　网址　https://www.ptpress.com.cn
　　天津市银博印刷集团有限公司印刷

◆ 开本：787×1092　1/16
　　印张：13.5　　　　　　　2025 年 4 月第 1 版
　　字数：397 千字　　　　 2025 年 7 月天津第 2 次印刷

定价：79.80 元

读者服务热线：(010)81055256　印装质量热线：(010)81055316
反盗版热线：(010)81055315

前言 👍

随着移动互联网技术的普及与发展，一些公司成立了单独的与UI设计相关的部门，更有专门从事UI设计的公司，UI设计师的待遇逐渐提升。本书对UI设计相关知识进行详细介绍，配以精美的图片，并添加应用秘技、实战演练、课后练习及知识拓展，帮助零基础的读者轻松入门。

为了帮助读者快速了解UI设计，编者及所在团队共同创作了本书，其宗旨是让读者了解UI设计的基础理论，并熟悉各类UI组件与界面的设计规范，以便轻松实现各种UI设计，应对各种实战。

本书特点

本书对知识结构进行合理安排，以理论与实战相结合的形式，帮助读者快速掌握UI设计。第1章对UI设计的入门知识进行介绍，第2章对UI设计中的文字、图片、色彩、栅格系统等应用进行解析与介绍，第3章对UI设计中素材的处理进行介绍，第4~8章对UI控件和组件、UI中的图标设计、移动端App界面设计、PC端网页界面设计及应用软件界面设计进行介绍。附录中介绍在线UI设计工具MasterGo和一站式UI设计协作工具Pixso的基础知识、使用方法与技巧等，以帮助读者用更便捷的方法完成设计任务。

第3~8章安排"**实战演练**""**课后练习**""**知识拓展**"，其目的是帮助读者巩固所学知识，提高操作技能，扩大知识储备。本书穿插"**应用秘技**"以帮助读者拓展思维，使读者"知其然"，并"知其所以然"。

拓展思维

提高操作技能

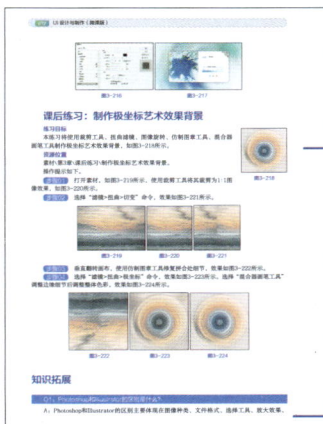

巩固所学知识

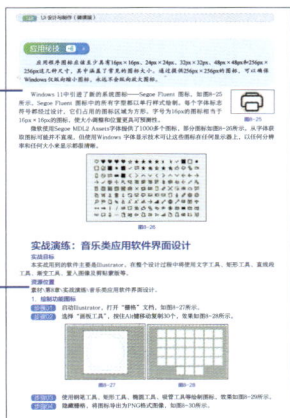

扩大知识储备

配套资源

案例素材及源文件： 本书所用到的案例素材及源文件均可在人邮教育社区下载，方便读者进行实践。

教学视频： 本书涉及的疑难操作均配有高清讲解视频，读者只需扫描书中的二维码即可观看视频。

相关学习资料： 本书提供配套的教学课件PPT、教案，方便教师授课使用。

编者答疑： 编者及所在团队具有丰富的实战经验，可为读者答疑解惑。读者在学习过程中如有任何疑问，可与编者联系、交流。

本书在编写过程中力求严谨、细致，但限于编者时间与精力，疏漏之处在所难免，望广大读者批评、指正。

编 者
2024年4月

目录 👍

第7章
PC端网页界面设计

136

第8章
应用软件界面设计

158

第 **1** 章

UI 设计
入门知识

内容导读

　　UI（User Interface，用户界面）设计即用户界面设计，它与我们的生活息息相关。在手机上操作的软件界面、在计算机上浏览的网页、智能家居或车载系统中的显示界面等都属于UI设计师的工作内容。了解UI的设计概念、设计方向、设计规范及设计流程等入门知识，可以更好地进行实操设计。

1.1 认识UI设计

UI是系统和用户进行交互和信息交换的媒介，用于实现信息在系统中的内部形式与人们可以接受的形式之间的转换。

1.1.1 UI设计概念

UI设计是指对软件的人机交互、操作逻辑、界面的整体设计，如图1-1所示。UI设计根据产品所面向的终端可分为移动端UI设计、PC端UI设计及其他终端UI设计，而在这三大类型中，游戏UI设计是一个比较特别的存在，三大类型中均能见到它的身影。

1. 移动端UI设计

移动端一般指互联网终端，是通过无线技术接入互联网的终端，它的主要功能是移动上网，除日常使用的手机之外，还包括平板电脑、智能手表等，如图1-2所示。从事移动端UI设计工作的设计师被称为GUI（Graphical User Interface，图形用户界面）设计师。

图1-1

图1-2

2. PC端UI设计

PC（Personal Computer，个人计算机）端指网络世界里可以连接到服务器主机的传统计算机设备终端，如图1-3所示。PC是一个具有广泛含义的词语，也是传统台式计算机和笔记本电脑的统称。PC端UI设计包括系统界面设计、软件界面设计以及网站界面设计等。从事PC端UI设计工作的设计师被称为WUI（Web User Interface，网页用户界面）设计师或者网页设计师。

3. 其他终端UI设计

其他终端UI设计的对象主要是除移动端、PC端之外的终端需要用到的UI，例如AR（Augmented Reality，增强现实）设备、VR（Virtual Reality，虚拟现实）设备、智能电视、车载系统、ATM（Automatic Teller Machine，自动柜员机），以及一些智能设备的界面等。图1-4所示为车载系统界面。

4. 游戏UI设计

游戏UI设计即游戏用户界面设计，包括游戏界面设计、游戏道具设计、图标设计、登录界面设计等，如图1-5所示。其中，游戏界面包括网页游戏界面、客户端游戏界面等，这些界面形式多变，旨在满足不同平台和玩家的需求。

图1-3

图1-4

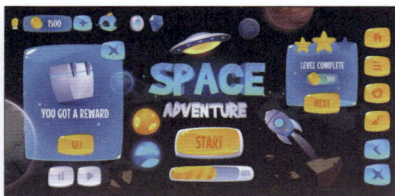

图1-5

1.1.2　UI设计原则

UI设计师在设计过程中，不仅要展现独特的设计思维，更重要的是要使设计出的界面呈现出一种近乎完美的"用户体验感"，如图1-6所示。在进行UI设计时，需遵循简洁性、高可读性用户语言、记忆负担最小化、一致性、清楚准确、排列有序、安全性、人性化等原则。

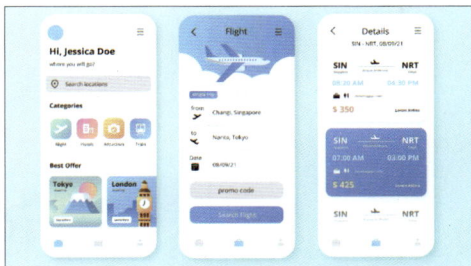

图1-6

- 简洁性：界面的简洁是指要能便于用户了解与使用产品，并能减小用户做出错误选择的可能性。
- 高可读性用户语言：界面中应使用用户能够理解的语言，而避免使用专业术语。
- 记忆负担最小化：人的短时记忆是有限的，在UI设计中，不宜为用户提供冗长的教程去记忆和学习，而应最大限度地减轻用户的认知压力，为用户提供认知帮助，让用户确认信息而不是记忆信息。
- 一致性：在整个界面设计中，所有元素和组件的外观形式和操作方式保持一致性，可以让用户更容易地进行操作。
- 清楚准确：在视觉效果上，界面应便于用户理解和使用。为方便用户浏览信息，可以将重要的内容通过颜色、字号、字体等的变化来突出表现，使内容层次清晰，减少各种干扰因素。
- 排列有序：一个有序的界面能让用户轻松地使用。
- 安全性：用户能自由地做出选择，且所有选择都是可逆的。在用户做出危险的选择时有信息介入系统进行提示。
- 人性化：高效率和高用户满意度是人性化的体现。应具有专家级和初级用户系统，即用户可依据自己的习惯定制界面，并能保存设置。

1.1.3　UI设计常用软件

软件的运用是UI设计的刚需和基础，设计师即使有再好的想法，不能通过软件实现也是徒劳。想要进行UI设计，首先要了解UI设计涉及的工作内容，大致包括界面设计、图标设计、网页设计、动效设计、交互设计，以及3D渲染和思维导图的制作，做这些工作需要用到许多不同的软件。对初学者来说，掌握以下几类核心软件的用法，就可以胜任基本的UI设计工作。

1. 思维导图类

思维导图类软件包括Xmind、MindNow等，如图1-7所示。这类软件在UI设计中主要用于整理产品需求思路、规划产品架构及交互逻辑等。

2. 交互设计类

交互设计类软件包括Axure RP、Adobe XD、墨刀等，如图1-8所示。其中Axure RP是一款专业的原型设计工具，主要用于制作高保真原型；Adobe XD不仅是设计工具，也是原型设计工具，可以高效完成设计交互及动画、原型制作；墨刀则是集原型、设计、思维导图等于一体的产品设计协作平台。

图1-7

图1-8

3. 界面设计类

界面设计类软件包括Photoshop、Illustrator、Sketch和Figma等，如图1-9所示。其中，Photoshop用于图像处理；Illustrator和Sketch用于矢量图的绘制；Figma是基于浏览器的设计工具，可以实现多人线上协同设计。

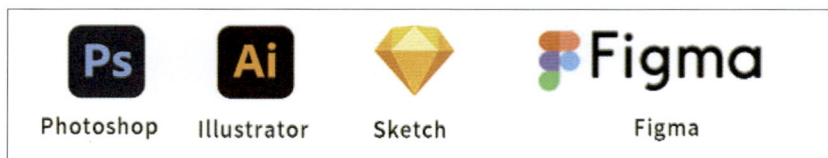

图1-9

应用秘技

Sketch软件只能在苹果计算机上使用。

4. 3D渲染类

3D渲染类软件包括Cinema 4D等。Cinema 4D是一款3D建模软件，如图1-10所示，在UI设计中主要用来制作3D效果图和高品质的模型。

5. 动效设计类

动效设计类软件包括Adobe After Effects等。Adobe After Effects是图形、视频处理软件，如图1-11所示，在UI设计中，主要用来进行动效设计，即对图形图像、视频进行动画和特效处理。

6. 网页设计类

网页设计类软件包括Dreamweaver等。Dreamweaver是集网页制作和网站管理于一体的网页代码编辑器，如图1-12所示，在UI设计中主要用来制作一些简单的网页。

图1-10

图1-11

图1-12

1.2 UI设计方向

UI设计包括设计用户与界面之间的交互关系，涉及交互设计、界面设计以及用户研究3个大方向。

1.2.1 交互设计

交互设计是指对人机之间的交互工程进行的设计。交互工程最初由程序员设计，功能虽然齐全，但在交互方面设计得很粗糙，烦琐难用，在无形中给用户操作设立了门槛。于是交互设计从程序员的工作中被分离出来并单独形成了一个学科，旨在加强软件的易用性、易学性、易理解性。交互设计的目标可以从"可用性""用户体验"两个层面上进行分析，关注以人为本的用户需求，如图1-13所示。

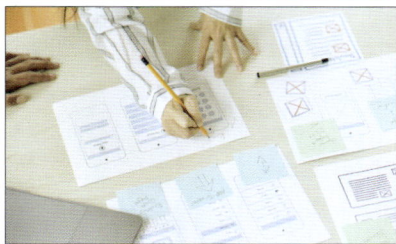

图1-13

1.2.2 界面设计

界面设计与工业产品中的工业造型设计一样，是构成产品吸引力的核心要素。一个好的界面可以给人带来舒适的视觉享受，拉近人机距离，为商家创造卖点。界面设计不是简单的美术绘画与素材的拼贴，设计师需要根据使用者、使用环境、使用方式为最终用户进行设计，这种设计是纯粹的科学性艺术设计，如图1-14所示。

图1-14

1.2.3 用户研究

用户研究是指对用户的工作环境、用户使用产品的习惯等的研究。通过进行用户研究，能够在产品开发的前期把用户对产品功能的期望、对产品内部设计和外观设计方面的要求融入产品的开发过程中，从而使产品更符合用户的习惯和期望。

对于新产品来说，用户研究需要明确用户的需求点，确定设计的方向；对于已经发布的产品，用户研究需要发现存在的问题，进行优化、调整。其具体的步骤与方法如图1-15所示。

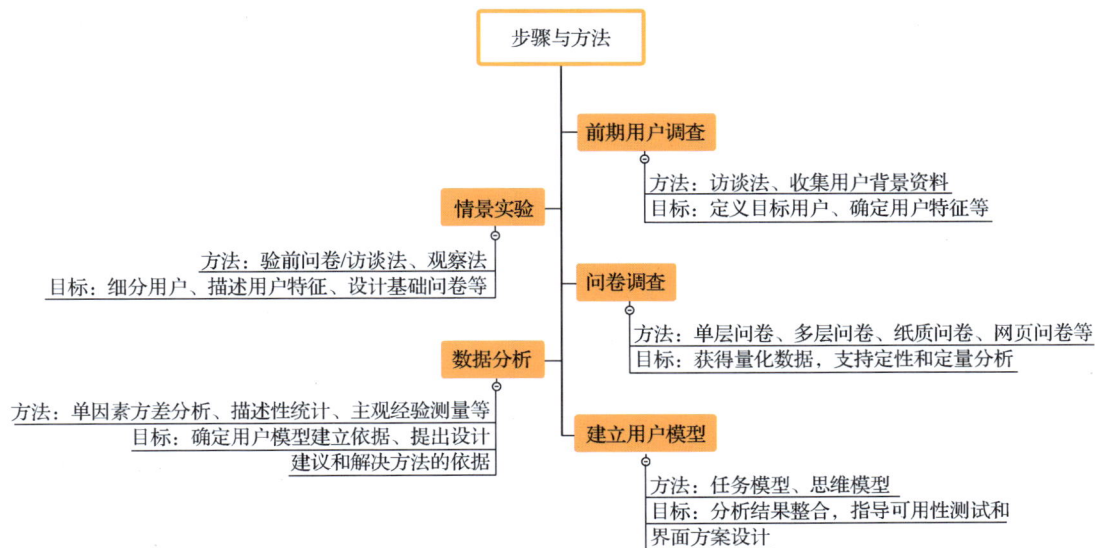

步骤与方法

前期用户调查
方法：访谈法、收集用户背景资料
目标：定义目标用户、确定用户特征等

情景实验
方法：验前问卷/访谈法、观察法
目标：细分用户、描述用户特征、设计基础问卷等

问卷调查
方法：单层问卷、多层问卷、纸质问卷、网页问卷等
目标：获得量化数据，支持定性和定量分析

数据分析
方法：单因素方差分析、描述性统计、主观经验测量等
目标：确定用户模型建立依据、提出设计建议和解决方法的依据

建立用户模型
方法：任务模型、思维模型
目标：分析结果整合，指导可用性测试和界面方案设计

图1-15

1.3　UI设计规范

在进行UI设计时，掌握并遵循一定的设计规范可以在提高工作效率的同时，减少工作中的失误。

1.3.1　一致性原则

UI设计界面直观、简洁，操作方便、快捷，界面上展示的功能应一目了然，用户不需要太多培训就可以方便地使用该软件。

● **字体**：保持字体及字体颜色一致，避免一个主题中出现多种字体；对于不可修改的字段，统一用灰色显示。

● **对齐**：保持页面内元素对齐方式的一致，若无特殊情况，应避免同一页面出现多种元素对齐方式。

● **表单录入**：在包含必填项与选填项的页面中，必须在必填项旁给出醒目标识（如*）；对于输入的各类型数据，需限制为文本类型并进行格式校验，如输入电话号码时只允许输入数字、邮箱地址需要包含"@"等。在用户输入有误时给出明确提示，如图1-16所示。

● **鼠标指针**：当鼠标指针指向可单击的按钮、链接等时，需要变换鼠标指针为手形，图1-17、图1-18所示为鼠标指针变换前后效果。

● **保持功能及内容描述一致**：避免使用多个词描述同一功能，如混用编辑和修改、新增和增加、删除和清除等。建议在项目开发阶段建立一个产品词典，该词典包括产品中常用的术语及其描述，设计或开发人员严格按照产品词典中的术语来展示产品中的文字信息。

图1-16

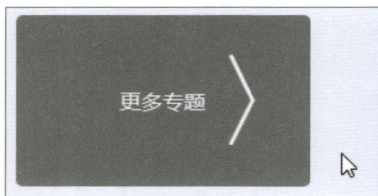
图1-17

图1-18

1.3.2　准确性原则

准确性原则是指UI设计中应该使用规范统一的标记、标准缩写和颜色，显示信息的含义应该非常明确，用户不必参考其他信息源。

具体包括如下。

● 显示有意义的出错信息，而不是简单的程序错误代码。

● 避免使用文本输入框放置不可编辑的文字。

● 避免将文本输入框当成标签使用。

● 使用缩进和文本辅助理解。

● 使用用户语言词汇，而不是专业计算机术语。

● 高效使用显示器的显示空间，但要避免空间过于拥挤。

● 保持语言的一致性，如"确定"对应"取消"（见图1-19）、"是"对应"否"等。

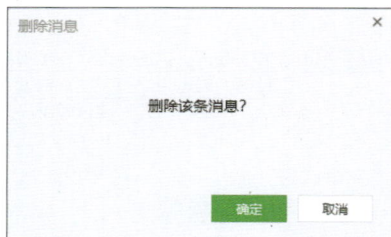
图1-19

1.3.3 可读性原则

在UI设计中，文字的设计遵循可读性原则。

1. 文字长度

文字长度适中。文字长度太长会导致用户眼睛疲惫，阅读困难；太短又经常会造成尴尬的断裂效果，影响阅读的流畅性。

2. 文字间距和对比度

文字部分的字符间距是很重要的。每个字符之间的间距至少等于一个字符的尺寸，大多数设计人员习惯选择一个最小文字大小的150%作为统一的字符间距。另外，文字颜色的对比度要合适，并考虑与背景的配合，方便人眼的舒适阅读。

3. 对齐方式

文本可以以文本中心、文本左侧，或者文本右侧等方式对齐。文本的对齐方式相当重要，会极大地影响文本的可读性，如图1-20所示。一般而言，用户的阅读方式为从左向右，文本的对齐方式通常为向左对齐。

图1-20

1.3.4 布局合理化原则

布局合理化原则是指，在进行UI设计时需要充分考虑布局的合理化问题，遵循用户从上而下、自左向右浏览和操作的习惯，避免常用业务功能按钮排列过于分散，导致用户鼠标移动距离过长。多做"减法"，将不常用的功能区块隐藏，以保持界面的简洁，使用户专注于主要业务操作流程，这有利于提高软件的易用性及可用性。

- 菜单：保持菜单的简洁性及其分类的准确性，避免菜单深度超过3层，如图1-21所示。
- 按钮：确认操作的按钮放置在左边，取消或关闭操作的按钮放置在右边。

图1-21

- 功能：对未完成的功能必须进行隐藏处理，不要将它置于页面内容中，以免引起误会。
- 排版：在排版时，所有文字避免贴边（页面边缘）显示，尽量与页面边缘保持10~20px的间距，并在垂直方向上居中对齐；各控件元素间保持至少10px的间距，并确保控件元素不紧贴于页面边缘。
- 表格数据列表：字符型数据保持左对齐，数值型数据保持右对齐（方便阅读与对比），并根据字段要求，统一显示小数位位数。
- 滚动条：页面布局设计时应避免出现横向滚动条。
- 页面导航栏（面包屑导航栏）：在页面显眼位置应该有面包屑导航（方便指引操作的导航设计）栏，让用户知道当前所在页面的位置，并明确导航结构。
- 信息提示窗口：应将信息提示窗口置于当前页面的居中位置，并适当弱化背景层以减少信息干扰，让用户把注意力集中在当前的信息提示窗口，一般做法是，在信息提示窗口的背后加一个半透明颜色填充的遮罩层，如图1-22所示。

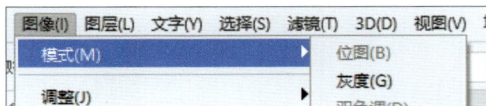

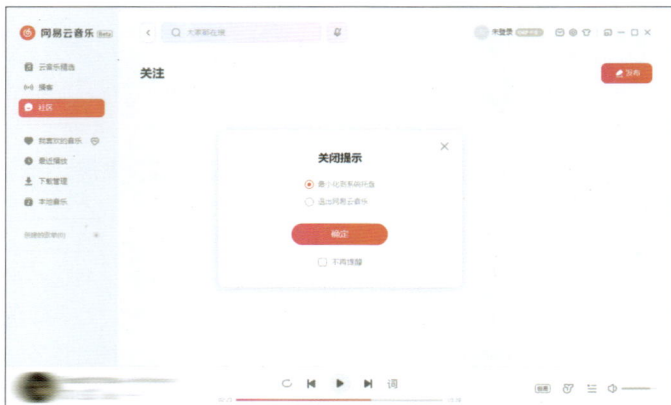

图1-22

1.3.5 操作合理性原则 🔍

操作合理性原则如下。

● 尽量确保用户在不使用鼠标（只使用键盘）的情况下可以流畅地完成一些常用的业务操作，各控件间可以通过Tab键进行切换，并将可编辑的文本进行全选处理。

● 在查询、检索类页面中，在查询条件输入框内按Enter键应该自动触发查询操作。

● 在进行一些不可逆或者删除操作时应该有信息提示用户，并让用户确认是否继续操作，必要时应该把操作造成的后果告诉用户，如图1-23所示。

● 信息提示窗口的"确认"按钮及"取消"按钮需要分别映射Enter键和ESC键。

● 避免使用双击动作，双击动作不仅会增加用户操作难度，还可能会使用户产生误会，认为单击动作无效。

● 在表单录入页面中，需要把输入焦点定位到第一个输入项，如图1-24所示。用户通过Tab键可以在输入框或操作按钮间切换，并注意Tab键的操作应该遵循从上而下、自左向右的顺序。

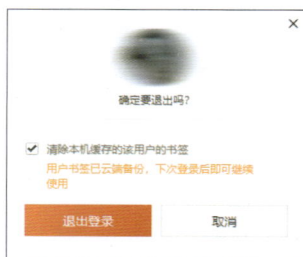
图1-23

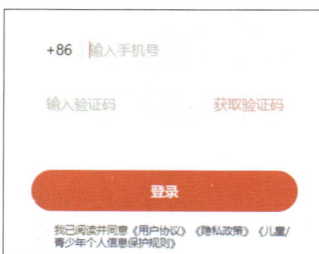
图1-24

1.3.6 合理的系统响应时间 🔍

系统响应时间应该适中，响应时间过长，用户可能会感到不安和沮丧，而响应时间过短会影响用户的操作节奏，并可能导致错误。因此，在系统响应时间上应该坚持如下原则：

● 响应时间为2～5s，窗口显示处理提示信息，避免用户误认为系统无响应而重复操作；

● 响应时间为5s以上，显示处理窗口或进度条；

● 一个长时间的处理完成时应给予完成提示信息。

1.4　UI设计流程

UI设计是团队设计，团队成员包括产品经理、交互设计师、视觉设计师、研发工程师、运营人员等。一个完整的UI设计包括以下5个步骤，如图1-25所示。

需求分析 ➡ 交互分析 ➡ 视觉设计 ➡ 交付开发 ➡ 设计走查

图1-25

1.4.1　需求分析

在进行UI设计之前，需要进行市场、用户、竞品等的分析，通过需求评估后，最终形成一份完整的分析报告。

1. 市场分析

市场分析决定UI设计要在哪些方面与对手抗衡，根据产品在市场中的主要定位，UI设计需要哪些内容设计。

2. 用户分析

用户分析的主要目的包括确定目标用户，详细了解用户的目的和行为、用户遇到的问题、用户使用产品的场景，以及当前用户遇到问题的解决方案等。

3. 竞品分析

竞品分析的主要目的是从竞品中吸取优点、规避缺点，是一种取长补短的方法。进行竞品分析时应该选择直接、间接或相关的竞品，从用户需求、产品功能、交互流程、视觉展示等方面进行分析和对比，总结出产品的优、劣势等。

4. 需求评估

需求评估是使用头脑风暴、数据分析、用户调研、思维导图、个人经验等方法收集需求，然后整理、筛选需求，去掉不合理的需求后形成报告。

应用秘技

需求分析在一些大公司中会由专门的用户研究工程师负责，而在一些小公司中则由产品经理和设计师负责。

1.4.2　交互分析

需求分析完成后，便要进行交互分析。交互分析通过用户分析建立用户心理模型，确定产品的功能需求、设计使用的流程，利用交互知识构建产品信息架构、设计原型，最终实现产品的可用性和易用性。

1. 信息架构

信息架构是指对产品信息进行梳理、分类，明确产品的功能构成、页面之间的逻辑关系，并创建流程清晰的导航系统。

2. 流程梳理

确定导航流程后，要以用户为中心的思路对流程进行梳理，按用户使用界面的顺序把界面结构和跳转逻辑梳理清楚，并确定每个界面展现的主题。

3. 设计原型

产品原型可分为低保真原型和高保真原型。

- **低保真原型**：用于验证交互思路的粗略展现，不需要太精细。低保真原型最好用纸和笔手绘，也可以用Axure RP、Sketch、Adobe XD绘制，如图1-26所示。
- **高保真原型**：高保真原型要将App中的界面控件、布局、内容、操作指示、转场动画、异常情况等详细展现出来，为视觉和开发阶段的工作提供参考依据。高保真原型可以无限接近视觉稿，也可以模拟、展现真实的产品交互操作，如图1-27所示。

图1-26

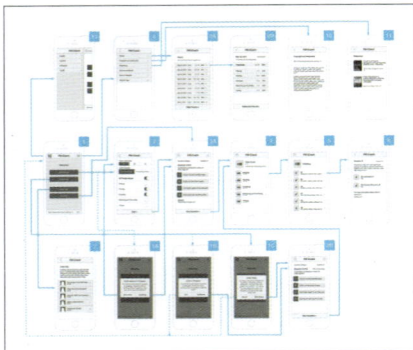

图1-27

1.4.3 视觉设计

完成界面的交互分析后，便可以进行视觉设计。

1. 设计情绪板

确认设计的关键词，基于关键词发散思维，建立情绪板（Moodboard），确定设计方向。情绪板包含以下内容。

- **图片**：包括品牌图片、Logo（标识）、插画、素材图片等。
- **颜色**：根据搜集的素材确认色系需求。
- **文字**：搜集与品牌或主题相关的文案，或者展示选用的某种特定字体。
- **纹理**：搜集与主题相符的纹理或图案。
- **批注**：对搜集来的元素进行解释、说明，方便团队协同工作。

应用秘技

情绪板是国外设计师最常用的视觉调研工具之一。它是设计师对一个品牌、产品甚至是海报主题进行充分理解后，收集相关的颜色、字体或其他材料等视觉元素，并将这些元素汇集在一起，最后形成的设计方向与形式的参考，如图1-28所示。

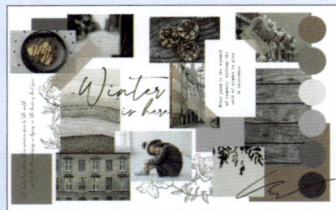

图1-28

2. 设计语言

设计语言是指把设计作为一种"沟通的方式"，在特定的范围/场景内做适当的表达，进行特定的信息传递。一般基于情绪板定义设计语言，设计语言包括主视觉、色彩、布局、字体、图标、图像、导航、反馈、动效等。

3. 典型页面

典型页面用于同步规范间距、卡片、视觉变量、图形应用等，以此作为视觉规范，为其他页面设计提供参考。

1.4.4 交付开发

视觉设计后需建立标准控件库和界面元素集合等的视觉规范，使其标准统一化。设计师提供给开发人员切图和标注两种文件。

切图用一个总文件名称（如images）命名，其中的文件夹以每个界面的名称命名。这样命名可以方便开发人员快速找到要使用的图片。在切图时需要注意分辨率和命名。图1-29所示为不同分辨率的切图效果。

标注能够帮助团队人员理解设计页面的布局关系，了解模块大小、颜色与字体规范等。在页面中标注的内容主要有边距、间距、控件尺寸、控件颜色、背景颜色、字体、字号、字体颜色等。

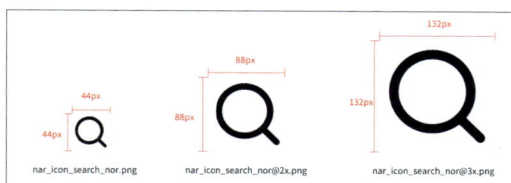

图1-29

切图的命名并没有统一的规范，不同的设计师有自己的命名规范和命名习惯。在切图前需和开发人员进行沟通，切图命名一般采用小写英文单词+下画线形式。常用的命名规则为模块_类别_功能_状态@倍数.png。

- **模块**：可以按照功能命名，也可以按照界面命名。
- **类别**：按照资源类型命名，如img、btn、icon等。
- **功能**：按照具体的功能命名，如search、close、loading等。
- **状态**：按照按钮或者图标的显示状态命名，如nor、def、hig等。

表1-1～表1-6所示是部分命名规范，仅供参考。

表1-1 界面命名规范

中文名称	英文命名	中文名称	英文命名
主程序	app	发现	find
首页	home	个人中心	personal center
软件	software	活动	activity
游戏	game	控制中心	control center
联系人	contact	邮件	mail
锁屏	lock screen	设置	setting

表1-2 系统控件命名规范

中文名称	英文命名	中文名称	英文命名
状态栏	status bar	分段控制	segmented control
导航栏	navigation bar	弹出视图	popover
标签栏	tab bar	编辑菜单	edit menu
工具栏	tool bar	滑杆	slider
搜索栏	search bar	选择器	selector
表格视图	table view	弹窗	popup
提醒视图	alert view	扫描	scanning
活动视图	activity view	开关	switch

表1-3　功能命名规范

中文名称	英文命名	中文名称	英文命名
确定	ok	选择	select
默认	default	下载	download
取消	cancel	加载	loading
关闭	close	安装	install
最小化	min	卸载	uninstall
最大化	max	搜索	search
菜单	menu	暂停	pause
添加	add	后退	back
继续	continue	更多	more
删除	delete	更新	update
导入	import	发送	send
导出	export	重新开始	restart
查看	view	等待	waiting

表1-4　资源类型命名规范

中文名称	英文命名	中文名称	英文命名
图片	image	勾选框	checkbox
图标	icon	下拉框	combo
按钮	button	单选按钮	radio
静态文本框	label	进度条	progress
编辑框	editbox	树	tree
列表	list	动画	animation
滚动条	scroll	—	—
标签	tab	背景	background
线条	line	标记	sign
蒙版	mask	播放	play

表1-5　常见状态命名规范

中文名称	英文命名	中文名称	英文命名
普通	normal	已访问	visited
按下	press	禁用	disabled
悬停	hover	完成	complete
获取焦点	focused	默认	default
点击	click	选中	selected
错误	error	空白	blank

表1-6　位置排序命名规范

中文名称	英文命名	中文名称	英文命名
顶部	top	第二	second
中间	middle	最后	last
底部	bottom	页头	header
第一	first	页脚	footer

应用秘技

　　在命名时，如果单词较长，可取单词的前3个字母，例如在命名导航栏时，只取navigation的前3个字母。

1.4.5　设计走查

　　设计走查是提升设计质量的关键，通过有效的设计走查，可以提高产品的一致性、可用性、可实现性和用户满意度，从而提高用户体验。设计走查可细分为以下7个步骤，如图1-30所示。

图1-30

1. 准备设计材料

　　收集并准备要评审的材料，包括产品原型、界面截图、设计文档等。确保这些材料能全面、清晰地展示设计方案的内容和细节。

● **产品原型**：可以采用交互式、可点击的模式，也可以采用静态模式，但无论采用哪种模式都需要包含设计中的各个界面和交互元素。

● **界面截图**：包括布局、颜色、字体、图标等元素，如图1-31、图1-32所示。

● **设计文档**：包含设计思路、用户研究、用户需求、设计原则等方面的信息。

　　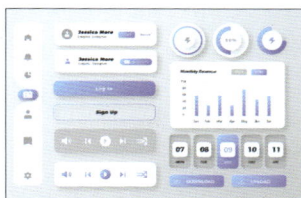

图1-31　　　　　　　　　　图1-32

2. 确定评审标准

　　在设计走查的初始阶段，要确定评审的标准，包括用户体验、可用性、一致性以及可实现性，这样有助于发现问题和提供修改建议，确保设计方案符合项目目标和用户需求，以提供良好的用户体验。

● **用户体验**：包括界面的直观性、操作的简便性、反馈的及时性等。

● **可用性**：包括界面的易学性、任务的完成效率、错误的防范和纠正等。

● **一致性**：包括界面元素的一致性、交互模式的一致性、品牌形象的一致性等。

● **可实现性**：包括技术的可行性、资源的可用性、实施的难度等。

3. 邀请评审团队

　　在设计走查中评审团队是至关重要的。评审团队应包括具有不同专业背景和视角的成员，例如设计师、开发人员、产品经理、用户体验专家等，多样性的人员构成可以提供更加全面的评审结果。

4. 共同讨论和讲解

　　评审团队的成员共同讨论和讲解设计走查的结果，分享并倾听彼此的观点与建议，如图1-33所示。通过共同讨论和讲解，评审团队可以更深入地了解设计方案，从不同角度审视设计方案，并提供改进的建议，从而推动设计的优化和提升。

5. 确定问题和建议

在共同讨论和讲解的基础上，评审团队需确定设计方案的关键问题和建议。这些问题和建议应基于对设计原则、用户需求以及项目目标的理解，同时考虑设计方案实际的可行性与可实现性。

6. 记录和整理

记录和整理的结果可以使用表格、文档或项目管理工具等方式记录，方便团队成员查阅和参考。记录的内容包括问题清单、建议列表和相关注释等，它们可以为设计方案的后续改进提供有力的依据。

图1-33

- 问题清单：包括问题的位置、性质和影响等方面。
- 建议列表：记录评审团队提出的改进建议，每个建议需描述清晰、具体，以便设计团队理解。
- 相关注释：评审团队在讨论中提供的相关说明和观点。

7. 提供反馈的追踪

在设计走查的最后，设计团队应根据评审团队提供的问题清单和建议列表，针对每个问题和建议进行相应的修改，并及时向评审团队反馈修改结果，以确保设计方案符合项目目标和用户需求，为后续的迭代和改进提供有价值的参考。

知识拓展

Q1：除了Photoshop，还有哪些专业的切图工具？

A：Assistor PS和PxCook都是用于UI设计切图与标注的软件，其中Assistor PS需要和Photoshop搭配使用，而PxCook则可单独使用。

- Assistor PS：Photoshop的辅助工具，它具有切图、标注坐标、标注尺寸、添加文字样式的注释、绘制参考线等功能，如图1-34所示。

图1-34

- PxCook：也称像素大厨，支持对PSD文件中的文字、颜色、距离的自动智能识别，如图1-35所示。

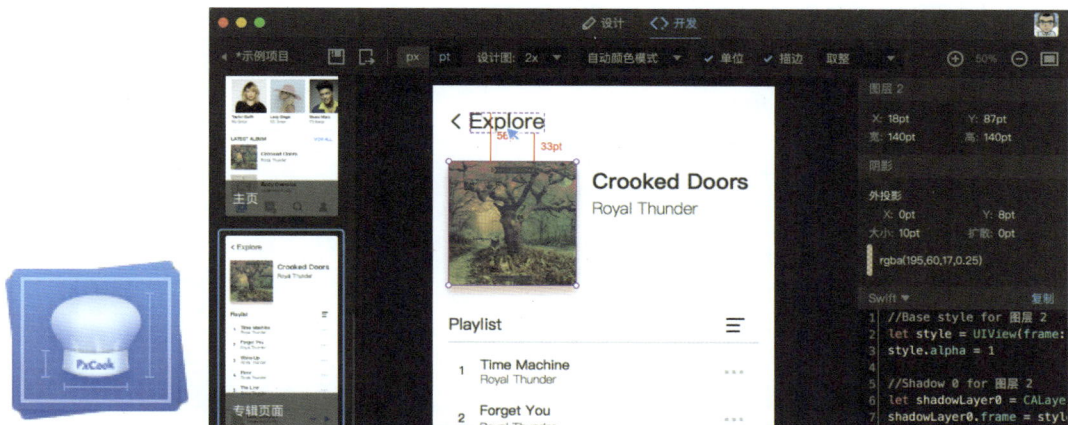

图1-35

Q2：有哪些用于页面标注的工具或插件?

A：使用Photoshop标注页面会很浪费时间，使用智能的工具或插件可让烦琐的工作事半功倍。例如MarkMan（马克鳗），它覆盖主流设计工具，可以快速标注元素的尺寸和颜色，也可以添加文字注释；支持自动标注和手动标注，能够避免疏漏，准确达到设计要求。除此之外，PxCook和Assistor PS既可以用于切图，也可以用于页面标注，使用它们进行页面标注的效果分别如图1-36、图1-37所示。

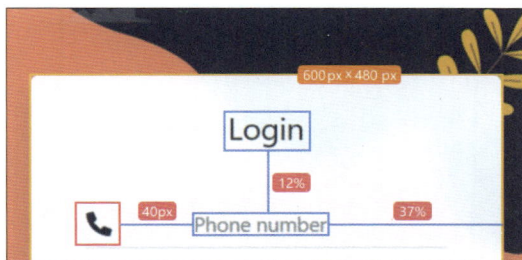

图1-36

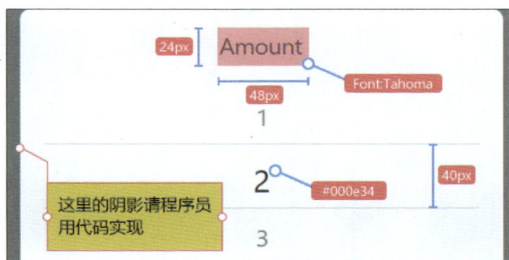

图1-37

Q3：iOS和Android（安卓）的切图命名方式一样吗?

A：iOS导出的是名称以@1x、@2x、@3x为后缀的切图，如图1-38所示；Android导出的则是名称以mdpi、xhdpi、xxhdpi等为后缀的切图，如图1-39所示。由此可见，它们的命名方式不一样。

图1-38

图1-39

第 2 章
UI 设计
应用解析

内容导读

在UI设计中，文字可以让界面层级更加清晰、界面功能更加明确；图片在辅助文字信息传递的同时，可以提升界面的美观度、丰富版面内容；色彩则影响着用户对界面的直观感受；栅格系统作为UI设计辅助工具，可以很好地组织信息，使界面更加规范、美观。

2.1 文字的应用解析

本节将针对文字在UI设计中的应用进行讲解,讲解的内容包括认识字体、文字设计规范和文字排版的四大原则等。

2.1.1 认识字体

字体是传达信息最直接的方式之一。常用字体可分为衬线体和无衬线体两个大类。

● 衬线体(serif):容易识别,可阅读性较高,笔画粗细有变化(一般横细竖粗),字的末端进行了装饰处理(即具有"字脚"或"衬线")。衬线体包括宋体、Times New Roman等,如图2-1所示。

● 无衬线体(sans-serif):比较醒目,字体端正,笔画横平竖直,粗细没有变化。无衬线体包括黑体、Arial、HarmonyOS Sans等,如图2-2所示。

天生我材必有用 GREATEST	天生我材必有用 GREATEST
图2-1	图2-2

应用秘技

CSS(Cascading Style Sheets,串联样式表)将常见的字体族类(字族)分为衬线体、无衬线体、手写体、梦幻字体和等宽字体5种。

一个字族中的任何一个字体都有不同的笔画粗细变化。这种字体的粗细变化称为字重(Font Weight)。不同的字重能传达不同的信息权重和情绪。如图2-3所示,轻字重的字体给人轻盈、细腻的感觉,适用于加载和欢迎等页面的引导文字、辅助说明类文案、配合大字号使用的装饰性文字等;重字重的字体给人庄重、严肃的感觉,适用于引导操作的控件文本、主标题、页面中具有最高级别的大标题、需要强调的文字、数字信息等。

灵活管理日程 ——→ 重字重

日程一目了然,邀请伙伴共享 ——→ 轻字重

图2-3

一个字体通常具有4~7种字重(图2-4所示为思源宋体的7种字重),其中Regular与Bold几乎是必备的。

天生我材必有用 ExtraLight(特细)
天生我材必有用 Light(细体)
天生我材必有用 Regular(常规)
天生我材必有用 Medium(中等)
天生我材必有用 SemiBold(半粗体)
天生我材必有用 Bold(粗体)
天生我材必有用 Heavy(特粗)

图2-4

2.1.2　文字设计规范

在UI设计中使用哪种字体取决于系统支持的字体。

1. 在iOS中支持的字体

iOS中支持的中文字体是苹方字体（PingFang SC），如图2-5所示。

苹方字体	特细
苹方字体	细体
苹方字体	常规
苹方字体	中等
苹方字体	**粗体**
苹方字体	**特粗**

图2-5

英文字体则有两个字体系列，支持各种粗细、大小、风格等。

- San Francisco（SF）：是一种无衬线字体系列，如图2-6所示。该系列包括SF Pro、SF Compact、SF Arabic和SF Mono变体。
- New York（NY）：是一种衬线字体系列，如图2-7所示。它可以单独使用或者与SF字体一起使用。

The quick brown fox jumps over the lazy dog.

图2-6

The quick brown fox jumps over the lazy dog.

图2-7

字号决定了信息层级的权重。在iOS中用户可自行选择字号，从而提高文本显示的灵活性。各信息层级默认的英文字号如表2-1所示。

表2-1

信息层级	字重	字号	行距	字间距
大标题	Regular	34pt	41pt	11pt
标题1	Regular	28pt	34pt	13pt
标题2	Regular	22pt	28pt	16pt
标题3	Regular	20pt	25pt	19pt
头条	SemiBold	17pt	22pt	−24pt
正文	Regular	17pt	22pt	−24pt
标注	Regular	16pt	21pt	−20pt
副标题	Regular	15pt	20pt	−16pt
脚注	Regular	13pt	18pt	−6pt
注释一	Regular	12pt	16pt	6pt
注释二	Regular	11pt	13pt	6pt

应用秘技

iOS中的中文字体需要参考英文灵活运用。10pt（20px）是手机能够显示的最小字号，最大为34pt（68px）。对于行高，英文通常采用标准行高的1.3～1.5倍，中文则通常采用标准行高的1.5～2倍。段间距则设置为字号的0.5倍。

2. 在Android中支持的字体

Android默认的中文字体为思源黑体（Source Han Sans），英文的默认字体为Roboto，如图2-8所示。

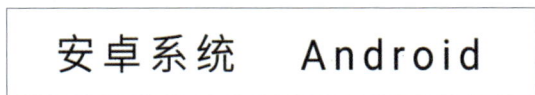

安卓系统 Android

图2-8

● 思源黑体：共有7种字重（ExtraLight、Light、Normal、Regular、Medium、Bold和Heavy），如图2-9所示；支持繁体中文、简体中文、日文和韩文。
● Roboto：无衬线英文字体，包含Thin、Thin Italic、Light、Light Italic、Regular、Italic、Medium、Medium Italic、Bold、Bold Italic、Black Italic，如图2-10所示。

图2-9   图2-10

以720px×1280px的屏幕尺寸为例，各信息层级常见的字号如表2-2所示。

表2-2

信息层级	字重	字号	行距	字间距
应用程序	Medium	20sp		
按钮	Medium	15sp		10
头条	Regular	24sp	34dp	0
标题	Medium	21sp		5
副标题	Regular	17sp	30dp	10
正文一	Regular	15sp	23dp	10
正文二	Bold	15sp	26dp	10
标注	Regular	13sp		20

注：表2-2以720px×1280px的屏幕尺寸为例，倍数是2，所以1sp（独立比例像素）=1dp（设备独立像素）=2px，标题13sp=26px、正文二26dp=52px。相较于iOS，Android中的字号可以根据界面的美观程度进行设定，但字号必须为偶数，最小字号为20px。

3. 在Windows中支持的字体

Windows默认的中文字体为宋体、微软雅黑，英文字体为Tahoma。
● 宋体：衬线中文字体，是在Windows下大部分的浏览器的默认字体，适合使用小字号，不适合使用大字号。

- **微软雅黑**：无衬线中文字体，属于OpenType类型。它适用于以个人使用为目的的Windows 的内嵌使用、屏幕输出和打印；以商业发布为目的的需购买版权。
- **Tahoma**：无衬线英文字体，较为圆滑。

文字设计规范除了规范字号，还对文字颜色进行了规范，如图2-11所示。文字颜色更改可以通过调节不透明度实现，可以以#000000代表的文字颜色为基准。

| #FC293C | #1783FF | #333333 | #666666 | #999999 |
| 强调、提示文字 | 链接、弹窗按钮文字 | 重要文字 | 一般文字 | 注释文字 |

图2-11

2.1.3 文字排版的四大原则

在UI设计中，文字排版是影响页面阅读的重要因素，设计好文字之间的对齐方式和间距，可以使内容更加有序、合理，提升用户体验。

文字排版有四大原则。

1. 亲密原则

亲密原则指的是将相关的部分组织在一起，设计好它们的间距与主次，使其层级更加清晰，方便用户提取信息，如图2-12所示。

2. 对比原则

文字排版时遵循对比原则，可以拉开视觉层级，使主次分明，有效突出重点。常见的对比设计有字号对比、文字颜色对比、疏密对比、文字和留白对比、虚实对比、粗细对比等，图2-13所示为文字颜色对比、粗细对比。

图2-12

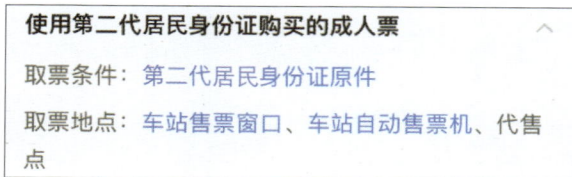

图2-13

3. 对齐原则

文字排版时遵循对齐原则，可以让文字在视觉层面看上去是整齐的。大多数人的阅读习惯是从上而下、自左向右，所以在文字排版时文字的对齐方式一般分为左对齐、居中对齐和右对齐。同时，同一竖线上的元素要保持居中对齐。图2-14所示为文字右对齐。

图2-14

4. 重复原则

重复原则不是指简单的复制、粘贴，而是指利用某些元素的重复使页面达到统一的效果，这些元素可以是字体、字形、字体颜色等，如图2-15、图2-16所示。

图2-15

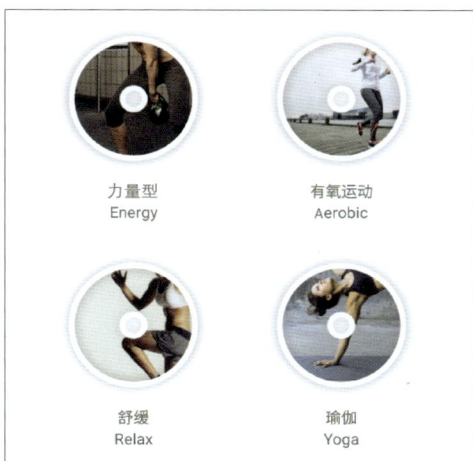

图2-16

2.2 图片的应用解析

本节将针对图片在UI设计中的应用进行讲解，讲解的内容包括常用的图片格式、图片比例以及图片的应用技巧等。

2.2.1 常用的图片格式

在UI设计中，常用的图片格式有PNG、JPG、PDF、GIF、WEBP以及SVG等。

● PNG：一种无损压缩的位图图片格式，一般用于Java、网页等，压缩比高、生成文件体积小。

● JPG：常见的位图图片格式，由于该格式使用了有损压缩的方式，会对图片质量造成一定的损失。

● PDF：常见的电子文件格式，以PostScript语言图像模型为基础。

● GIF：这种格式的图片是动效图片，支持透明底及无损压缩，通常由视频格式的内容转换而来，但对色彩数量有非常严格的要求，色彩数量不超过256种。

● WEBP：常用于网页，同时提供有损压缩与无损压缩的图片格式，可让网页图片的格式得到有效压缩，又不影响图片格式的兼容性和清晰度，从而使网页的整体加载速度变快。

● SVG：基于可扩展标记语言（Extensible Markup Language，XML）的、用于描述二维矢量图的图形格式，支持无限缩放且不失真。

2.2.2 图片比例

在UI设计中，图片尺寸根据产品属性的不同，使用的比例也会有所不同。常见的图片比例有1∶1、3∶2、4∶3、16∶9等。

1：1 比例采用正方形构图，能够突出主体图片，多用于产品展示、头像、特写展示等场景中，如图2-17、图2-18所示。

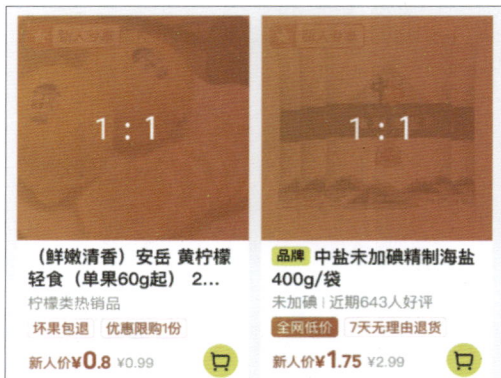

图2-17

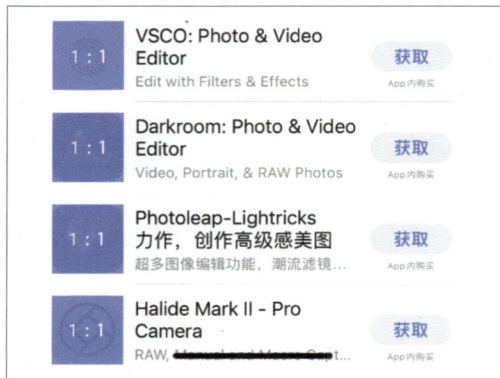

图2-18

3：2 较为接近黄金分割比例，常用于以内容为主的应用产品中，如图2-19所示。

4：3 是较常用的一种图片比例，常用于图片展示类产品中的横幅（Banner）和产品列表，如图2-20所示。

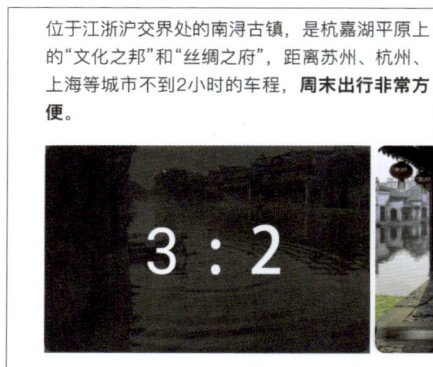

图2-19

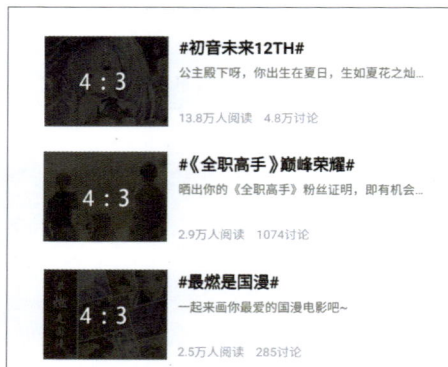

图2-20

16：9 是黄金分割比例，较为普及，常用于全屏大图、横幅以及产品展示，尤其是视频播放类产品，如图2-21、图2-22所示。

图2-21

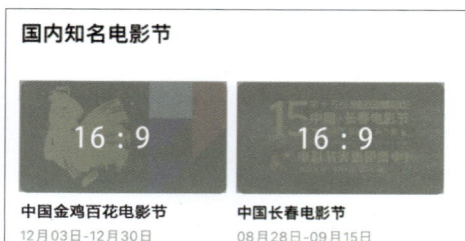

图2-22

除此之外，还有2∶1、16∶10、9∶8等图片比例。在UI设计中，可将不同比例的图片搭配使用，使设计出的产品更具节奏感，充满活力。

2.2.3 图片的应用技巧

在UI设计中，使用以下技巧处理图片会使图片更加具有美感。

1. 图片遮罩

在图片中添加纯色遮罩，可以提高文字区域中的内容在图片上的可读性，如图2-23所示。当遮罩颜色为黑色时，可以调整不透明度，调整范围为10%～60%。

图2-23

在图片中添加渐变遮罩，可以在确保文字可读性的同时，使画面过渡更加自然，如图2-24所示。

图2-24

2. 背景模糊

部分场景会使用封面图的模糊效果为背景。为确保文字信息能够清晰显示在背景上，可以添加一个深色的半透明蒙层。半透明蒙层的颜色可以使用黑色、深灰色，透明度为25%～40%，如图2-25所示。

图2-25

应用秘技

在UI的注册页、登录页、播放页中，经常会使用场景图作为背景，这种背景可以给使用者带来沉浸感，如图2-26所示。

图2-26

3. 图片圆角

可以根据不同产品的属性设置图片圆角的弧度。

小圆角或直角：多用在时尚、高端、冲突感强的设计中，给人高冷、硬朗的感觉，如图2-27所示。

全圆角：多用在母婴产品、二次元、娱乐性强的设计中，给人柔软、安全的感觉，如图2-28所示。

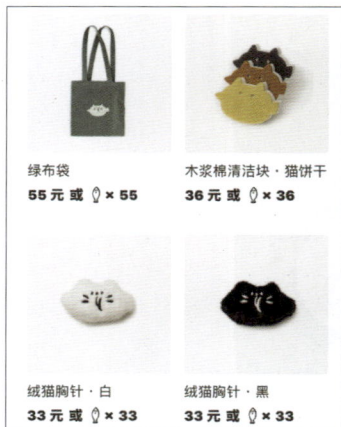

图2-27

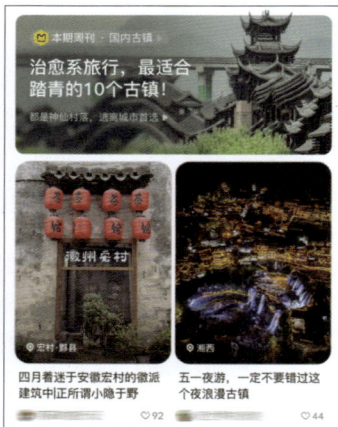

图2-28

4. 图片破形

图片为抠图产品或手绘图时，可以将产品图延伸到形状容器外，以营造更大的氛围，使画面更加具有冲击力，多用于Banner图，如图2-29所示。

图2-29

5. 投影

可以在抠取的产品图像中添加阴影效果，模拟真实光影效果，如图2-30所示；还可以在图片中添加投影，如图2-31所示。图片投影的方式分为7类，分别为普通投影、等高线投影、矢量投影、图层模糊投影、多层投影、移轴模糊投影、手动投影。

图2-30　　　　　　　图2-31

2.3　色彩的应用解析

本节将针对色彩在UI设计中的应用进行讲解，讲解的内容包括色彩的属性、类别、搭配等。

2.3.1　色彩的属性

色彩的3个属性分别为色相（Hue）、明度（Brightness）、饱和度（Saturation）。

1. 色相

色相是色彩所呈现出来的质地面貌，主要用于区分颜色。在0°～360°的标准色轮上，可按位置度量色相。通常情况下，色相是以色彩的名称（如红、黄、绿等）来标识的，如图2-32所示。

图2-32

2. 明度

明度是指色彩的明暗程度。通常情况下，明度的变化有两种情况：一种是不同色相之间的明度变化，另一种是同色相的不同明度变化，如图2-33所示。要提高色彩的明度，可以加入白色，反之加入黑色。

图2-33

在有彩色系中，明度最高的是黄色，明度最低的是紫色，红、橙、蓝、绿属于中明度。在无彩色系中，明度最高的是白色，明度最低的是黑色。

3. 饱和度

饱和度是指色彩的鲜艳程度，也称纯度。饱和度是人对颜色感觉的一种特征，即各种色觉的浓度。红、橙、黄、绿、蓝、紫等的饱和度最高。图2-34所示为红色的不同饱和度。

图2-34

2.3.2　色彩的类别

色彩一般可以分为两大类：无彩色系和有彩色系。

1. 无彩色系

无彩色系不包含其他任何色相，只有黑色、白色。无彩色系中颜色的饱和度越低，越接近于灰色，饱和度为0的颜色即灰色。

- 黑色：给人严肃、神秘、含蓄的感觉，能够营造出沉稳、大气的高级感，常用于科技、汽车、视频、编程设计等产品的界面设计，如图2-35所示。
- 白色：给人简约、高端、干净的感觉，可以作为背景或点缀，常用于汽车、饰品、化妆品、艺术类等产品的界面设计。
- 灰色：灰色并不是单一的色彩，而是用多种其他颜色调配而来的，只有明度的变化。作为中性色的灰色可以作为辅助色使用，如图2-36所示。全屏灰色只有在特殊情况下才会使用。

图2-35

图2-36

在色彩搭配中，主色占据整个画面的60%～70%，决定整个画面的色调风格；辅助色占25%～30%，在整个画面中起到烘托主色的作用；部分画面中还会有点缀色，点缀色不止一种，可以是多种颜色，主要起到画龙点睛与引导的作用，占比为5%～10%。图2-37所示为主色、辅助色和点缀色百分比表示效果。

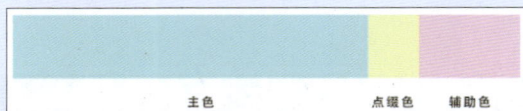

图2-37

2. 有彩色系

有彩色系包括在可见光谱中的全部色彩，常见的有红、橙、黄、绿、青、蓝、紫等。

● 红：给人热情、喜庆、热烈的感觉。若要使画面具有视觉冲击力，可以用红色和黑色进行搭配；若要营造温暖的氛围，可以用红色和黄色、橙色搭配。红色常用于电商产品、新闻资讯、婚庆、节日等的界面设计，如图2-38所示。

● 橙：给人活力、华丽、辉煌的感觉，可以有效刺激消费、增加食欲，常用于电商、社会服务等产品的界面设计，如图2-39所示。

● 黄：给人轻快、温暖、充满希望的感觉，常用于电商、食品、儿童类产品等的界面设计，如图2-40所示。

图2-38　　　　　　　图2-39　　　　　　　图2-40

● 绿：给人安全、自然、青春的感觉，常用于电商、食品、儿童类产品等的界面设计，如图2-41所示。

图2-41

● 青：给人一种清新、自然、宁静和年轻的感觉。青色介于绿色和蓝色之间，常用于环保与自然主题应用、科技、医疗与健康等产品的界面设计，如图2-42所示。

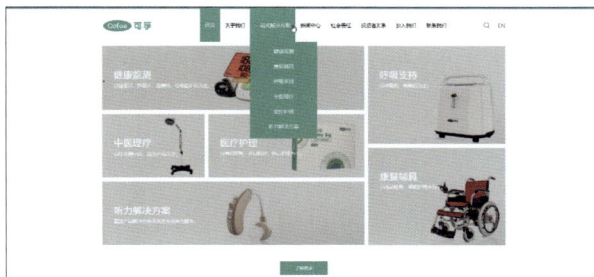

图2-42

● 蓝：给人现代感、科技感、清爽感，常用于电商、科技、互联网、旅游等产品的界面设计，如图2-43所示。

图2-43

● 紫：给人高贵、神秘、浪漫的感觉，常用于科技、美容等产品的界面设计，如图2-44所示。

图2-44

应用秘技

除了分为无彩色系和有彩色系外，颜色还可以分为冷色调、暖色调两类，中间的过渡色为中性色。

● 冷色调：青、蓝、紫等，给人理智、科技、寒冷的感觉。
● 暖色调：红、橙、黄等，给人热烈、温暖、阳光的感觉。

2.3.3 色彩的搭配

在了解色彩搭配之前，首先要了解色相环。色相环分为6色相环、12色相环、16色相环、36色相环等。以12色相环为例，12色相环由原色、间色（第二次色）、复色（第三次色）组合而成，如图2-45所示。

（1）原色

原色是不能通过其他颜色的混合调配而产生的"基本色"，即红、黄、蓝，它们在12色相环中的位置可以形成一个等边三角形。

（2）间色

间色是三原色中的任意两种原色混合而产生的颜色，如红+黄=橙、黄+蓝=绿、红+蓝=紫，它们在12色相环中的位置可以形成一个等边三角形。

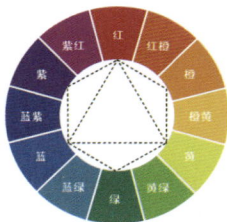

图2-45

（3）复色

复色是任何两个间色或3个原色混合而产生的颜色。复色的名称一般由两种颜色组成，如橙黄、黄绿、蓝紫等。在色相环上，复色通常起到过渡和连接的作用。

（4）同类色

同类色是指色相性质相同，但色度有深浅之分的颜色，在色相环中指夹角在15°以内的颜色，如图2-46所示。同类色搭配可以理解为使用不同明度或饱和度的单色进行色彩搭配，可以营造出协调、统一的画面，通过明暗体现出层次感。图2-47所示为蓝色系单色搭配的界面效果。

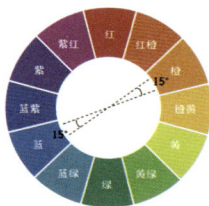

图2-46

图2-47

（5）邻近色

邻近色是指色相近似，冷暖性质一致，色调和谐、统一的颜色，在色相环中指夹角为30°～60°的颜色，如图2-48所示。邻近色搭配效果较为柔和，主要通过明度加强效果，图2-49所示为蓝紫系邻近色搭配的界面效果。

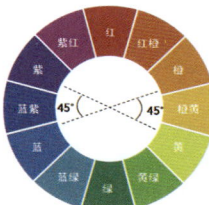

图2-48

图2-49

（6）类似色

类似色是有明显色相变化的颜色，在色相环中指夹角为60°～90°的颜色，如图2-50所示。使用类似色搭配的画面色彩活泼，又不失统一。图2-51所示为蓝绿系类似色搭配的界面效果。

图2-50

图2-51

（7）中差色

中差色是色彩对比效果较为明显的颜色，在色相环中指夹角为90°的颜色，如图2-52所示。使用中差色搭配的画面比较轻快，有很强的视觉张力。图2-53所示为橙、黄绿系中差色搭配的界面效果。

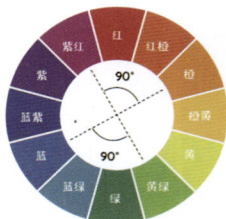
图2-52

图2-53

（8）对比色

对比色是色彩对比效果较为强烈的颜色，在色相环中指夹角为120°的颜色，如图2-54所示。使用对比色搭配的画面具有矛盾感，且矛盾越鲜明，对比越强烈。图2-55所示为橙绿系对比色搭配的界面效果。

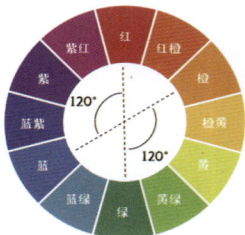
图2-54

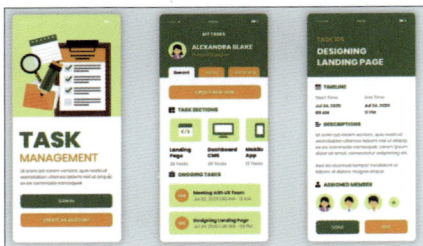
图2-55

（9）互补色

互补色是色彩对比最为强烈的颜色，在色相环中指夹角为180°的颜色，如图2-56所示。使用互补色搭配的画面给人强烈的视觉冲击力。图2-57所示为橙蓝系互补色搭配的界面效果。

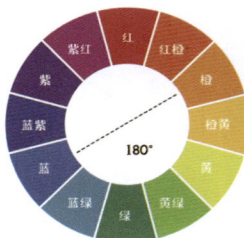
图2-56

图2-57

2.4　栅格系统的应用解析

本节将针对栅格系统在UI设计中的应用进行讲解，讲解的内容包括认识栅格系统、栅格系统的组成、栅格系统的设置流程、使用栅格系统的注意事项等。

2.4.1　认识栅格系统　🔍

栅格可以理解为平面设计中的"网格"，它通过一定的规律设置基准线来规范界面中的元素（如图片、按钮、图标、文本等），可以让信息更加清晰、可读，降低认知成本。使用栅格系统可以一稿适配计算机、平板电脑、手机等不同尺寸的设备，体现多端、多系统下的自适应效果。

2.4.2　栅格系统的组成

栅格系统主要由网格、列、水槽、边距、总宽、容器盒子等组成。

1. 网格

网格由最基本的单元格组成，栅格则由一系列规律的网格组成。在栅格系统中，网格的最小单位推荐为8px，如图2-58所示。使用8px可以在缩放各种倍数时不失真，而且大多数屏幕的尺寸（如1024px×768px、1920px×1080px等）可以被8整除。

> **应用秘技**
>
> 最小单位应由实际情况来决定，没有绝对的最小单位数值。在适用性方面，4、6、8、10这4个数值基本可以满足实际工作的需求。

2. 列

列指的是栅格数量，如12栅格有12列、24栅格有24列，它主要用来对齐内容。列数越多，内容排版越紧凑；列数越少，内容排版就越疏松。图2-59所示为网页安全区域内的12列效果。

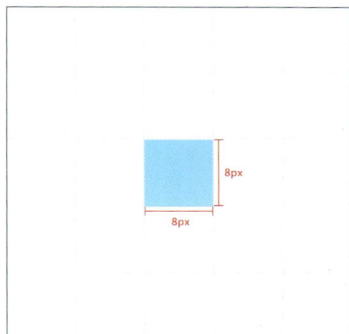

图2-58

图2-59

3. 水槽

水槽是指列与列之间的空白部分，如图2-60所示。通过水槽形成留白，可以实现界面中的信息元素的分割效果以及形成版式呼吸感。在适当范围内，水槽的宽度越大，留白越多，呼吸感越好；反之，留白越少，呼吸感越差，会变得较为紧凑。

4. 边距

边距是指界面边缘到安全区域的距离，主要用来控制核心内容的展示边界，如图2-61所示。

图2-60

图2-61

5. 总宽

总宽指列、水槽、两侧边距的总和，即整个栅格系统的总宽度。栅格总宽=列宽×N+水槽宽×（$N-1$）+边距×2。

6. 容器盒子

容器盒子是指布局信息的版面区域。确定基础栅格后，可以根据需求定义一项内容需要占用多少列，确定水槽的宽度并形成容器，常用的有二等分、三等分、四等分、六等分、十二等分，如图2-62所示。除此之外，还可以选择不等分切割，例如1:2、1:5等。然后在容器盒子里面填充文字、图片、按钮等元素即可拼合成完整的设计方案。

二等分
三等分
四等分
六等分
十二等分

图2-62

2.4.3 栅格系统的设置流程

栅格系统的设置流程如下。

1. 选择栅格列数

选择栅格的列数，可以选择12栅格、24栅格或5栅格。

● 12栅格：适用于业务信息分组较少的商业网站、门户网站等，可以被2、3、4、6整除，满足信息较为复杂的布局场景。图2-63所示为12栅格效果。

应用秘技

除图2-62所示布局之外，还可以使用较为灵活的不对称布局，例如由3+9、4+8栅格构成的双栏布局，由2+8+2、3+3+6栅格构成的3栏布局等。

● 24栅格：适用于信息量大、分组多且复杂的场景。相比12栅格，24栅格有更多的区域划分空间，其布局灵活性更强。图2-64所示为24栅格效果。

● 5栅格：在移动端UI设计中，因屏幕的横向空间有限，在金刚区[①]等部分区域进行设计时，可以使用5栅格。

① 金刚区：金刚区是 App 界面设计中的一个重要部分，通常位于首页的顶部区域，是各项功能或业务的导航入口。它以宫格形式排列，通常图标展示个数为 4 ～ 10，每个宫格包含一个图标和对应的文字说明，用于引导用户快速找到所需的功能或服务。

图2-63

图2-64

2. 选择栅格系统的宽度

栅格系统的宽度不等于屏幕的宽度。以屏幕的宽度为1920px为例，若安全区域的宽度为1200px，栅格系统的总宽度则为1200px，两侧的留白用于适应不同尺寸的屏幕。

3. 定义水槽值与边距值

水槽值可以使用4的倍数，一般为4、8、16、20、24、48等。边距值通常为1.5倍或2倍的水槽值，例如水槽值为16px，边距值则为24px或32px。

2.4.4　使用栅格系统的注意事项

在使用栅格系统设计界面时，要注意以下事项。

● 内容元素必须在容器盒子中，可以借助列和水槽进行不同比例的分割。

● 容器内容需要在列以内，避免出现在水槽内，如图2-65所示。

图2-65

● 只要框架（父级）元素对齐栅格，原子组件（子级）可以不完全对齐列。

● 所有内容应该与栅格列宽相适应，不要将列作为外部填充。

● 在不影响视觉效果的前提下，可以根据实际情况合理打破对齐。

● 栅格区域可以根据实际场景灵活选择，不一定必须选择整个画布区域。

知识拓展

Q1：在设计前，如何确定主色和辅助色？

A：最简单的方法，就是在前期沟通时和甲方确认颜色，若甲方没有具体的要求，可以参考以下几种处理方法。

● 在前期沟通时确认甲方忌讳的颜色，在设计时避开。

● 根据甲方VI（Visual Identity，视觉识别）系统颜色进行扩展设计。

● 根据甲方所处行业选择颜色，确认一个大致的色系，根据主色选择辅助色。

Q2：在Photoshop中如何绘制栅格系统？

A：在Photoshop中可以通过"新建参考线版面"对话框绘制栅格系统。选择"视图>新建参考线版面"命令，在弹出的"新建参考线版面"对话框中预设栅格系统，如8列、12列、16列、24列，如图2-66所示。"装订线"表示水槽的值，默认为"20像素"。勾选"边距"复选框可以设置边距参数，如图2-67所示。除了使用预设栅格系统，还可以自定义栅格系统，并能将栅格参数保存为预设。

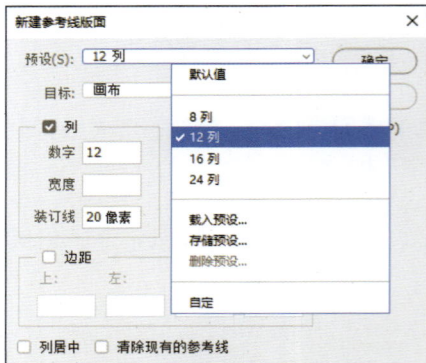

图2-66

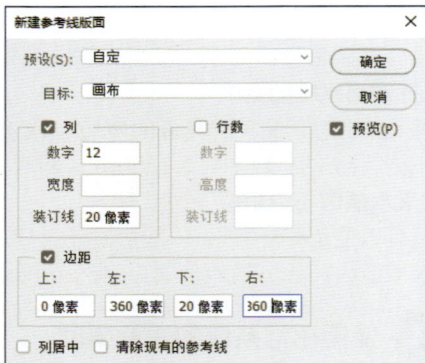

图2-67

单击"确定"按钮即可绘制栅格系统，效果如图2-68所示。

图2-68

第 **3** 章

UI 设计中素材的处理

内容导读

　　在UI设计中，素材的创建与处理离不开Photoshop和Illustrator这两个软件。其中，Illustrator主要用于图形元素的绘制，包括基础图形、路径的绘制与编辑，图形的颜色填充与描边，对象的选择与变换，以及文本的创建与编辑；Photoshop则用于图像元素的处理，包括图像尺寸的调整显示，图像的修饰与修复、抠取与合成、色彩调整以及特效应用。

3.1 图形元素的绘制

本节将针对UI中图形元素的绘制进行讲解，包括基础图形的绘制与编辑、路径的绘制与编辑、图形的颜色填充与描边、对象的选择与变换，以及文本的创建与编辑。

3.1.1 基础图形的绘制与编辑

在Illustrator中使用图形工具可以绘制出各式各样的基础图形，例如矩形、圆角矩形、圆形、多边形、星形、矩形网格、弧线段等。

1. 绘制几何形状

使用矩形工具组中的工具可以绘制矩形、圆角矩形、圆形、多边形、星形等几何形状。

（1）矩形工具

选择"矩形工具" ▭，在画板上拖曳鼠标可以绘制矩形，或在画板上单击，弹出"矩形"对话框，在该对话框中设置参数，如图3-1所示，单击"确定"按钮，生成图形，如图3-2所示。

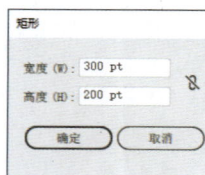
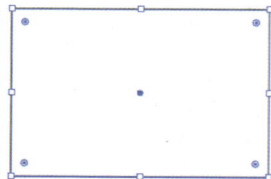

图3-1　　　　　　　　图3-2

在绘制时按住Shift、Alt等不同快捷键会有不同的结果：

● 按住Shift键，可以绘制正方形；

● 按住Alt键，当鼠标指针变为 ⊞ 形状时，拖曳鼠标可以绘制以当前点为中心点向外扩展的矩形；

● 按住Shift+Alt组合键，可以绘制出以单击处为中心点的正方形，如图3-3所示。

按住鼠标左键拖曳圆角矩形的任意一角的控制点 ▸◟，向内拖曳可以调整圆角半径，如图3-4所示。当控制点和圆中心点重合时，正方形变为正圆形，如图3-5所示。

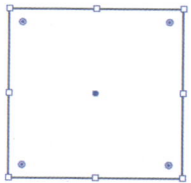
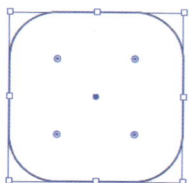
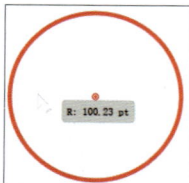

图3-3　　　　　　图3-4　　　　　　图3-5

应用秘技 ⬡ ▶

圆角矩形工具、椭圆工具的使用方法和矩形工具类似，在此不赘述。

（2）多边形工具

选择"多边形工具" ⬠，在画板上拖曳鼠标可以绘制不同边数的多边形，或在画板上单击，弹出"多边形"对话框，在该对话框中设置参数，如图3-6所示，单击"确定"按钮，生成图形。如图3-7、图3-8所示分别为6边形和10边形图形。

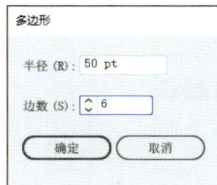 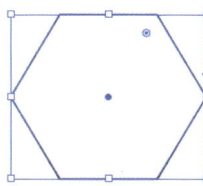 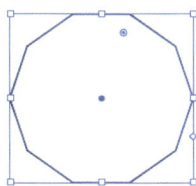

图3-6　　　　　　图3-7　　　　　　图3-8

（3）星形工具

选择"星形工具" ☆ ，在画板上拖曳鼠标可以绘制不同形状的星形图形，或在画板上单击，弹出"星形"对话框，在"半径1"中设置所绘制星形图形内侧点到星形中心的距离，在"半径2"中设置所绘制星形图形外侧点到星形中心的距离，在"角点数"中设置所绘制星形图形的角点数，如图3-9所示，单击"确定"按钮，生成图形，如图3-10所示。拖曳控制点可以调整星形角的度数，效果如图3-11所示。

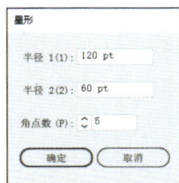  

图3-9　　　　　　图3-10　　　　　　图3-11

2. 构建新形状

使用Shaper工具可以在绘制形状时将任意的曲线路径转换为精确的几何图形；使用形状生成器工具则可以从多个重叠的图形中快速得到新的图形。

（1）Shaper工具

使用Shaper工具不仅可以绘制精确的曲线路径，还可以对形状重叠的位置进行涂抹，从而得到新的复合图形。

选择"Shaper工具" ✐ ，按住鼠标左键拖曳鼠标可粗略地绘制出几何图形的基本轮廓，如图3-12所示。松开鼠标左键，系统会生成精确的几何图形，如图3-13所示。

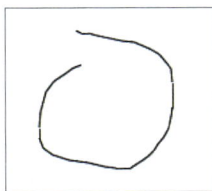 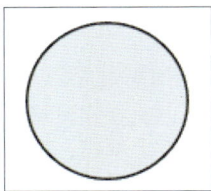

图3-12　　　　　　图3-13

绘制两个图形并将它们重叠摆放，选择"Shaper工具" ✐ ，将鼠标指针放置到重叠区域，按住鼠标左键，拖曳鼠标进行绘制，如图3-14所示，松开鼠标左键，该区域被删除，如图3-15所示。

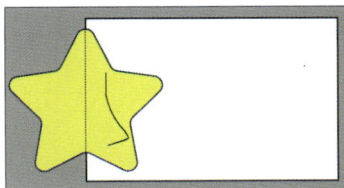 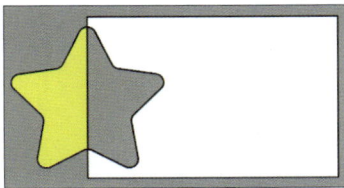

图3-14　　　　　　图3-15

（2）形状生成器工具

形状生成器工具可以通过合并和涂抹简单的对象来创建复杂的对象。

选择多个重叠的图形后，选择"形状生成器工具" 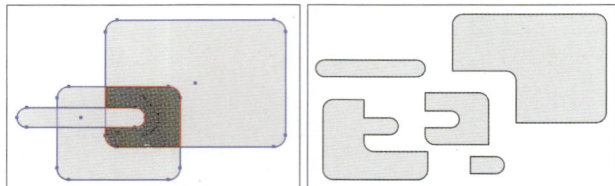或按Shift+M组合键，单击或者按住鼠标左键拖曳选定区域，如图3-16所示，可将重叠的图形拆分为多个新形状，如图3-17所示。

图3-16　　　　　　　图3-17

3. 绘制线和网格

使用线性工具可以绘制直线段、弧线段或螺旋线，还可以根据需要绘制矩形网格。

（1）直线段工具

使用直线段工具可以绘制直线段。选择"直线段工具" 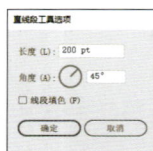，在控制栏中设置描边参数，在画板上按住鼠标左键，拖曳鼠标绘制直线段，松开鼠标左键，完成直线段的绘制，或在画板上单击，在弹出的"直线段工具选项"对话框中设置参数，如图3-18所示，单击"确定"按钮，生成图形，如图3-19所示。

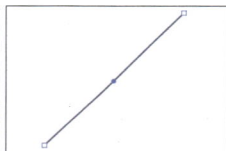

图3-18　　　　　　图3-19

应用秘技

拖曳鼠标时，按住Shift键可以绘制出水平、垂直及45°、135°等倍增角度的斜线。

（2）弧线段工具

使用弧线段工具可以绘制不同斜率的弧线段。

选择"弧线段工具" 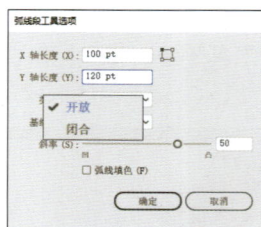，可以直接在画板上拖曳鼠标绘制自定义斜率的弧线段。若要绘制具有精确斜率的弧线段，可以在画板上单击，在弹出的"弧线段工具选项"对话框中设置参数，如图3-20所示。图3-21、图3-22所示分别为开放和闭合类型效果的弧线段。

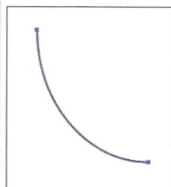
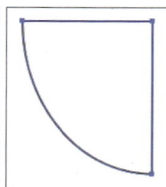

图3-20　　　　　图3-21　　　　图3-22

（3）螺旋线工具

使用螺旋线工具可以绘制不同样式的螺旋线。

选择"螺旋线工具" ◎ ，在画板上单击，弹出"螺旋线"对话框，在该对话框中设置参数，如图3-23所示。图3-24、图3-25所示分别为不同样式的螺旋线效果。

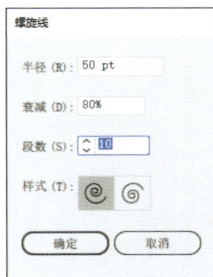
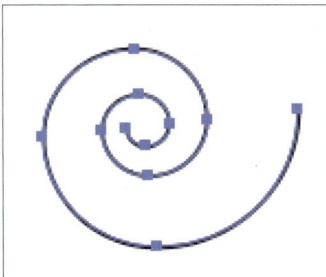
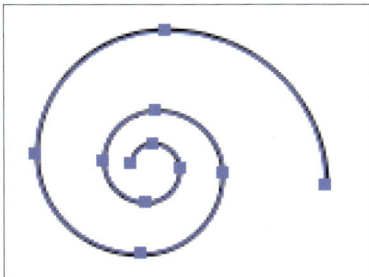

图3-23　　　　　　　　　图3-24　　　　　　　　　图3-25

（4）矩形网格工具

使用矩形网格工具可以创建具有指定大小和指定分隔线数目的矩形网格。

选择"矩形网格工具" ⊞ ，在画板上单击，弹出"矩形网格工具选项"对话框，在该对话框中设置参数，如图3-26所示，单击"确定"按钮，生成矩形网格，如图3-27所示。

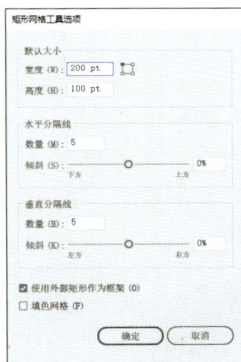
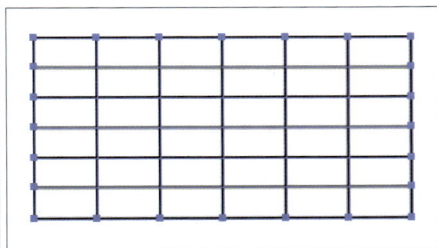

图3-26　　　　　　　　　　图3-27

4. 形状编辑调整

使用橡皮擦工具、剪刀工具、美工刀工具可以擦除、切断、断开路径。

（1）橡皮擦工具

使用橡皮擦工具可以擦除对象中不需要的部分。

未选择任何图形对象时，选择"橡皮擦工具" ◆ ，在要擦除的图形上拖曳鼠标，可擦除鼠标指针移动范围内的所有路径，如图3-28所示；选择了特定图形对象时，只能擦除选定图形对象中移动范围内的部分路径，如图3-29所示。

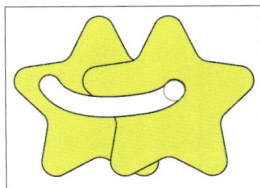

图3-28　　　　　　　　图3-29

使用橡皮擦工具时，按住Shift键可以沿水平、垂直方向进行擦除，如图3-30所示；按住Alt键可以以矩形的形状进行擦除，如图3-31所示。

图3-30　　　　　　　图3-31

（2）剪刀工具

剪刀工具主要用于切断路径或将图形变为断开的路径，也可以将图像切断并分为多个部分，每个部分都有独立的属性。

选择"剪刀工具" ✂，在路径的段或锚点处单击，此处路径断开，如图3-32所示，图形被分割为两个部分，这两个部分可以分别移动和编辑，如图3-33所示。

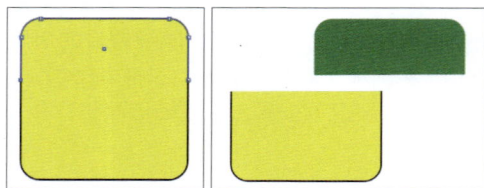

图3-32　　　　　　　图3-33

（3）美术刀工具

使用美术刀工具可以将一个对象沿着任意路径切割，使其分成多个部分。

使用"美术刀工具" ✐在图形中自由绘制分割线，如图3-34所示，绘制完成便可获得两个独立的部分，这两个部分可以分别移动和编辑，如图3-35所示。

图3-34　　　　　　　图3-35

3.1.2 路径的绘制与编辑

路径是由锚点及锚点之间的连线组成的，可通过调整一个路径上的锚点和线段来更改路径的形状。路径如图3-36所示。

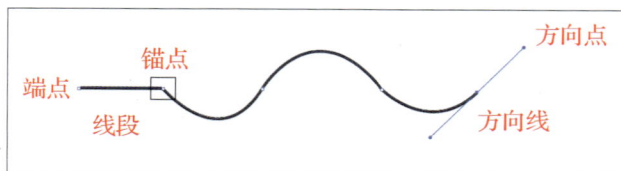

图3-36

关于路径的关键元素如下。

● 端点：所有的路径都以锚点开始和结束，整个路径的开始和结束位置的锚点叫作路径的端点。

- **线段**：指一个路径上两锚点之间的部分。
- **锚点**：路径上的某一个点，用来标记路径段的端点。对锚点进行调节，可以改变路径段的方向。锚点分为平滑锚点和尖角锚点。其中，平滑锚点上带有方向线，方向线决定锚点两侧路径段的弧度和曲率。
- **方向线**：在一个曲线路径上，每个选中的锚点会显示一条或两条方向线，方向线总是与曲线上锚点所在的圆相切，每一条方向线的角度决定曲线的曲率，而每一条方向线的长度决定曲线弯曲的高度和深度。
- **方向点**：方向线的端点。处于曲线路径中间的锚点有两个方向点，而路径的末端点只有一个方向点，方向点可以用于确定线段在经过锚点时的曲率。

1. 路径的绘制

使用钢笔工具、曲率工具、画笔工具以及铅笔工具可以绘制曲线路径或直线路径。

（1）钢笔工具

使用钢笔工具可以通过锚点和手柄精确创建路径。

选择"钢笔工具" ✐ ，在按住Shift键的同时拖曳鼠标，可以绘制水平、垂直或以45°角倍增的直线路径，如图3-37所示。若绘制曲线路径，可以只在曲线改变方向的位置添加一个锚点，然后拖曳构成曲线形状的方向线，方向线的长度和角度决定了曲线的形状，如图3-38所示。

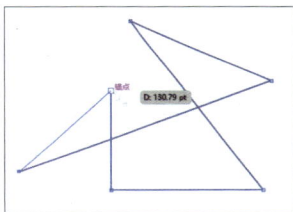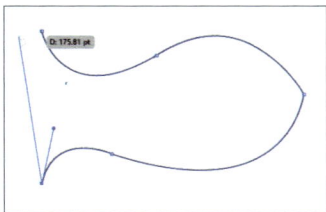

图3-37　　　　　　　　　图3-38

（2）曲率工具

使用曲率工具可以轻松创建并编辑曲线路径和直线路径。

选择"曲率工具" ✐ ，在画板上单击两点，此为直线段状态，移动光标位置，直线段转变为曲线段，如图3-39所示。继续绘制闭合路径后曲线段则变成光滑有弧度的形状，如图3-40所示。拖曳锚点可更改图形形状，双击锚点可使锚点在平滑锚点和尖角锚点之间切换，切换为尖角锚点的效果如图3-41所示。

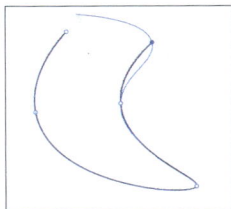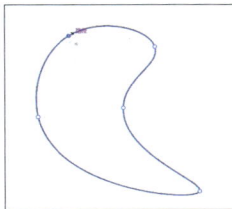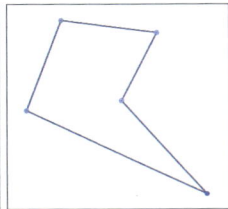

图3-39　　　　　　图3-40　　　　　　图3-41

（3）画笔工具

使用画笔工具可以在应用画笔描边的情况下自由绘制路径。

选择"画笔工具" 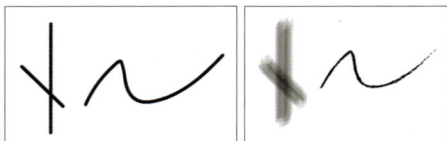，在控制栏中设置参数，在按住Shift键的同时拖曳鼠标，可以绘制水平、垂直或以45°角倍增的直线路径，也可以自由绘制曲线路径，效果如图3-42所示。选中路径，在控制栏中的"定义画笔"下拉列表中或在"画笔"面板中选择画笔类型，即可将它应用到路径上，应用不同画笔类型的效果如图3-43所示。

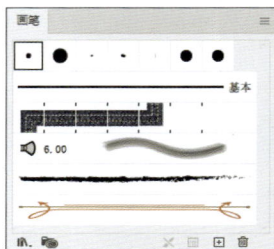
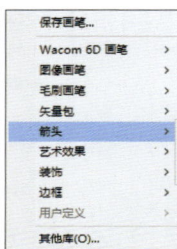

图3-42　　　　　　图3-43

选择"窗口>画笔"命令或按F5键，弹出"画笔"面板，如图3-44所示。单击"画笔"面板底部的"画笔库菜单" 按钮，在弹出的快捷菜单中选择任意画笔（见图3-45）即可弹出相应的面板，如图3-46所示。

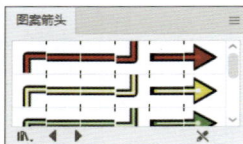

图3-44　　　　　　图3-45　　　　　　图3-46

应用秘技

新建的画笔可以直接拖放到"画笔"面板中，或在"画笔"面板中单击"新建画笔" ，弹出"新建画笔"对话框，如图3-47所示。选择任意一个画笔类型，单击"确定"按钮，打开相应画笔的选项对话框，图3-48所示为"书法画笔选项"对话框。

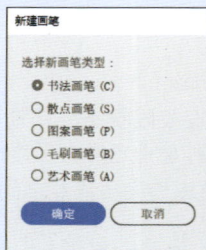
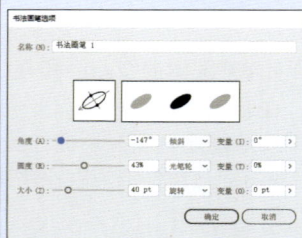

图3-47　　　　　　图3-48

"新建画笔"对话框中各选项的作用如下。

● 书法画笔：创建的描边类似于使用书法钢笔带拐角的尖绘制的描边及沿路径中心绘制的描边。在使用"斑点画笔工具" 时，可以使用书法画笔进行上色并自动扩展画笔描边成填充形状，该填充形状会与其他具有相同颜色的填充对象（交叉在一起或其堆栈顺序是相邻的）进行合并。

- 散点画笔：将一个对象的多个副本沿着路径分布。
- 图案画笔：用于绘制一种图案，该图案由沿路径重复的各个拼贴组成。图案画笔最多可以包括5种拼贴：图案的边线、内角、外角、起点和终点。
- 毛刷画笔：使用毛刷创建具有自然画笔外观的画笔描边。
- 艺术画笔：沿路径长度均匀拉伸画笔形状（如粗炭笔）或对象形状。

（4）铅笔工具

使用铅笔工具可绘制开放路径和闭合路径，也可以对绘制好的图像进行调整。

选择"铅笔工具" ✐，在画板上拖曳鼠标即可绘制路径；按住Shift键的同时拖曳鼠标可绘制角度为0°、45°或90°的直线段，如图3-49所示。按住Alt键的同时拖曳鼠标可以预览绘制的路径，如图3-50所示，释放鼠标左键即可生成路径。

 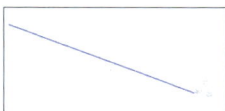

图3-49　　　　　　　　图3-50

2．路径的调整

使用平滑工具、路径橡皮擦工具以及连接工具可以对现有路径进行调整。

（1）平滑工具

使用平滑工具可以使路径变得平滑。

选中绘制的路径，如图3-51所示，选择"平滑工具" ✐，在需要平滑的区域拖曳鼠标，即可将路径变得平滑，如图3-52所示。

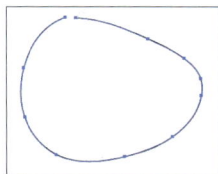 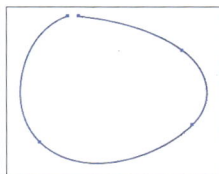

图3-51　　　　　　　　图3-52

（2）路径橡皮擦工具

使用路径橡皮擦工具可以擦除路径，使路径断开。

选中绘制的路径，选择"路径橡皮擦工具" ✐，在需要擦除的区域拖曳鼠标，如图3-53所示，即可擦除该区域，如图3-54所示。

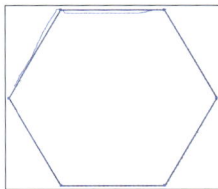 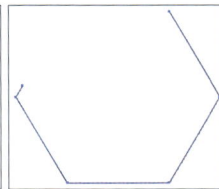

图3-53　　　　　　　　图3-54

（3）连接工具

使用连接工具可以连接相交的路径，多余的部分会被修剪掉，也可以闭合两条开放路径之间的间隙。

选中绘制的路径，选择"连接工具" ，在需要连接的位置拖曳鼠标，如图3-55所示，以连接路径生成新的图形，如图3-56所示。

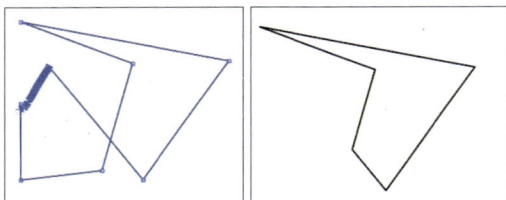

图3-55　　　　　　　图3-56

3. 路径的编辑

通过选择"对象>路径"命令下的命令，可以更好地编辑路径对象。

（1）连接

使用"连接"命令可以连接两个锚点，从而闭合路径或将多个路径连接到一起。

选中要连接的锚点，如图3-57所示，选择"对象>路径>连接"命令或按Ctrl+J组合键即可连接路径，如图3-58所示。

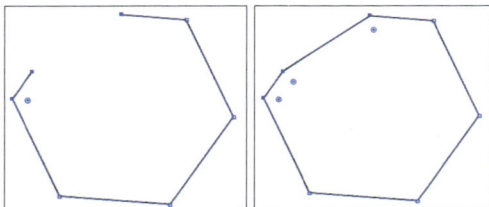

图3-57　　　　　　　图3-58

（2）平均

使用"平均"命令可以使选中的锚点排列在同一水平线或垂直线上。

（3）轮廓化描边

"轮廓化描边"命令是一个非常实用的命令，该命令可以将路径描边转换为独立的填充对象，以便单独进行设置。

选中带有描边的对象，如图3-59所示，选择"对象>路径>轮廓化描边"命令，即可将路径转换为轮廓，取消分组后的效果如图3-60所示。

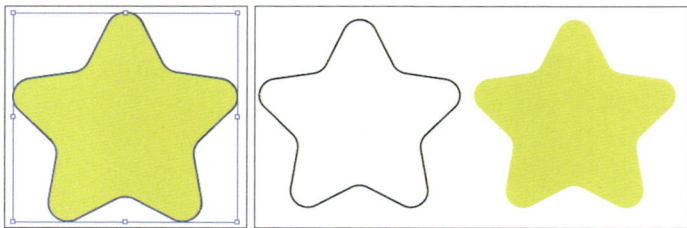

图3-59　　　　　　　图3-60

（4）偏移路径

使用"偏移路径"命令可以使路径向内或向外偏移指定距离，且原路径不会消失。

选中要偏移的路径，如图3-61所示，选择"对象>路径>偏移路径"命令，在弹出的"偏移路径"对话框中设置偏移的距离和连接方式，如图3-62所示，单击"确定"按钮，效果如图3-63所示。

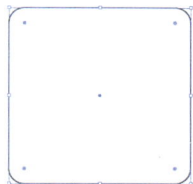
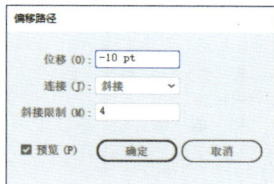

图3-61 图3-62 图3-63

（5）简化

使用"简化"命令可以通过减少路径上的锚点来减少路径细节。

选中要简化的路径，选择"对象>路径>简化"命令，在画板上会显示简化路径控件，如图3-64所示。在简化路径控件上，向左拖曳为最少锚点数 ，向右拖曳为最大锚点数 ，单击 按钮可以实现自动简化，单击 按钮会显示"更多选项"。

图3-64

（6）分割下方对象

"分割下方对象"命令就像切刀或剪刀一样，使用选定的对象切穿其他对象，并丢弃原来所选的对象。

选中对象，如图3-65所示，选择"对象>路径>分割下方对象"命令，移动重叠部分即可得到分割后的新图形，如图3-66所示。

图3-65 图3-66

（7）分割为网格

使用"分割为网格"命令可以将对象转换为网格。

选中对象，选择"对象>路径>分割为网格"命令，弹出"分割为网格"对话框，在该对话框中设置参数，如图3-67所示，单击"确定"按钮即可将对象转换为网格，可任意移动网格，如图3-68所示。

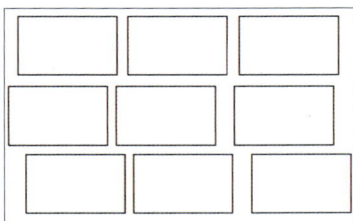

图3-67 图3-68

4."路径查找器"面板

使用"路径查找器"面板中的按钮可以对重叠的对象进行指定运算从而得到新的图形。选择"窗口>路径查找器"命令，即可打开"路径查找器"面板，如图3-69所示。

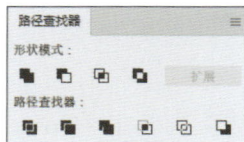

图3-69

该面板中各按钮作用如下。

● **联集**■：合并选中的对象并保留顶层对象的上色属性。

● **减去顶层**■：从最后方的对象中减去最前方的对象。

● **交集**■：仅保留重叠区域。

● **差集**■：保留未重叠区域。

● **分割**■：将一份图稿分割成由组件填充的表面（表面是未被线段分割的区域）。

● **修边**■：删除已填充对象被隐藏的部分，删除所有描边，且不会合并相同颜色的对象。

● **合并**■：删除已填充对象被隐藏的部分，删除所有描边，且合并具有相同颜色的相邻或重叠的对象。

● **裁剪**■：将图稿分割成由组件填充的表面，删除图稿中所有落在最上方对象边界之外的部分，并删除所有描边。

● **轮廓**■：将对象分割为其组件线段或边缘。

● **减去后方对象**■：从最前方的对象中减去后方的对象。

3.1.3　图形的颜色填充与描边

选择路径对象，在控制栏中可以选择预设的填充颜色和对描边参数进行设置，如图3-70所示。

图3-70

除此之外，还可以使用吸管工具、"颜色"面板、"渐变"面板、网格工具及实时上色工具为图形填充颜色，使用图案面板填充图案，使用"描边"面板为图形描边。

1. 吸管工具

使用Illustrator中的吸管工具不仅可以拾取颜色，还可以拾取对象的属性，并将属性赋予其他矢量对象。

选择需要被赋予属性的图形，如图3-71所示，选择"吸管工具" ✐，单击目标对象，即可为其添加相同的属性，如图3-72所示；按住Shift键将只吸取并填充颜色，如图3-73所示。

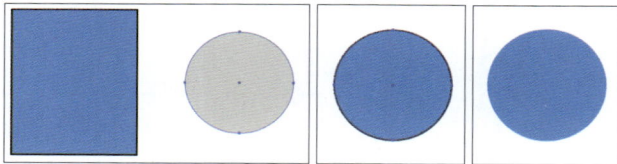

图3-71　　　　图3-72　　　　图3-73

应用秘技

矢量图形的描边样式、填充颜色，文字对象的字符属性、段落属性，位图中的某种颜色都可以通过吸管工具来复制。

2. "颜色"面板

使用"颜色"面板可以为对象填充单色或设置单色描边。

选择图形对象，在"颜色"面板中拖曳滑块设置填充颜色参数，如图3-74所示。单击 按钮，拖曳滑块设置描边颜色，如图3-75所示，效果如图3-76所示。在控制栏或"属性"面板中可设置描边粗细。单击"互换填充和描边颜色" 按钮可调换填充和描边颜色。

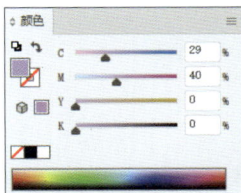 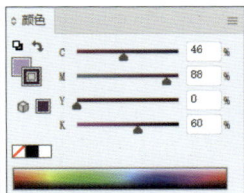 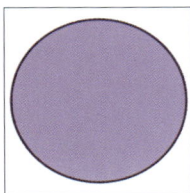

图3-74　　　　　　　图3-75　　　　　　　图3-76

3. "渐变"面板

使用"渐变"面板可以精确地控制渐变颜色的属性。

选择图形对象后，选择"窗口>渐变"命令，打开"渐变"面板，在该面板中可以选择任意一个渐变类型激活渐变，还可以设置渐变角度、颜色范围等参数，如图3-77、图3-78所示。单击色标可在"色板"面板中更改渐变的颜色，效果如图3-79所示。

 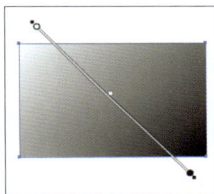 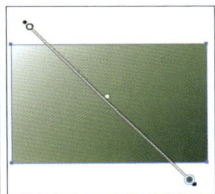

图3-77　　　　　　　图3-78　　　　　　　图3-79

应用秘技

渐变滑块默认采用灰度模式，单击"颜色"面板中的菜单 按钮，在弹出的快捷菜单中选择其他颜色模式，如图3-80所示。拖曳滑块可设置丰富的颜色，如图3-81所示。

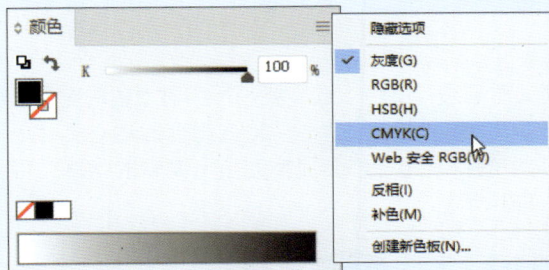 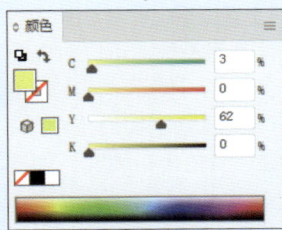

图3-80　　　　　　　　　　　　　　图3-81

使用"渐变工具" 可以增添渐变滑块，如图3-82所示。拖曳渐变滑块的圆环端（起点），可以更改渐变的原点位置，拖曳终点 ，可以增大或减小渐变的范围。若将鼠标指针置于终点上方，会显示一个旋转光标，使用该光标可以更改渐变的角度，更改后的渐变效果如图3-83所示。

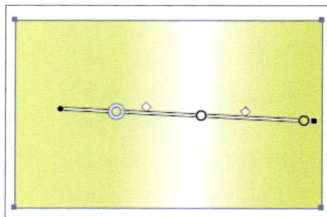 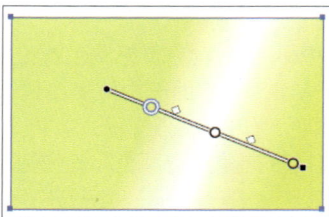

图3-82　　　　　　　　　　　图3-83

4. 网格工具

网格工具主要通过在图像上创建网格来设置网格点上的颜色，网格点上的颜色可以沿不同方向顺畅分布且从一点平滑过渡到另一点。通过移动和编辑网格点，可以更改颜色的变化强度，或者更改对象上的着色区域范围。

选中图形对象，选择"网格工具" ⊞，当鼠标指针变为 ⊮ 形状时，在图形中单击即可添加网格点，任意4个网格点之间的区域称为网格面片，如图3-84所示。

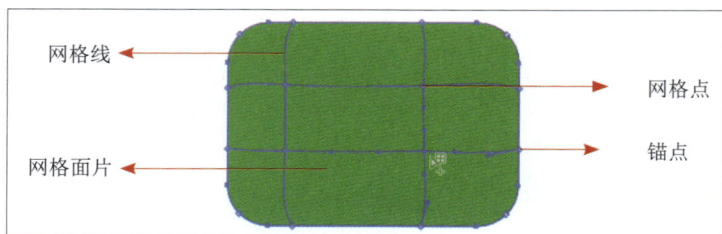

图3-84

添加网格点后，网格点处于选中状态，拖曳鼠标可以调整网格点的显示状态，如图3-85所示。通过"颜色"面板、"色板"面板或拾色器填充颜色，效果如图3-86所示。

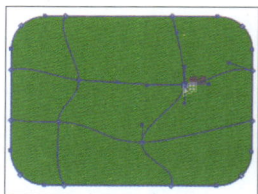 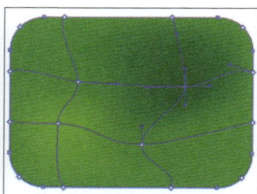

图3-85　　　　　　　　　　　图3-86

5. 实时上色工具

通过实时上色工具，可以对多个交叉对象进行上色。选中要进行实时上色的对象，可以是单个也可以是复合路径，使用"实时上色工具" ⬚ 单击或按Ctrl+Alt+X组合键建立实时上色组，如图3-87所示，一旦建立了实时上色组，其中的每条路径都会保持完全可编辑的状态，可在控制栏或工具栏中设置前景色单击填充，如图3-88所示。

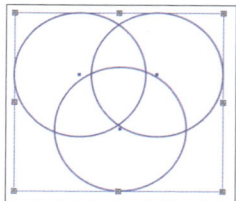 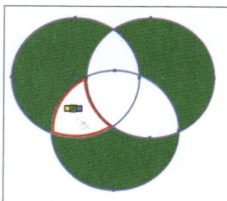

图3-87　　　　　　　　　　　图3-88

应用秘技

对于不能直接转换为实时上色组的对象，可以通过如下操作将其转换为实时上色组。
- 文字对象：选择"文字>创建轮廓"命令。
- 位图图像：选择"对象>图像描摹>建立并扩展"命令。
- 其他对象：选择"对象>扩展"命令。

选中实时上色组，选择"对象>实时上色>释放"命令，可将实时上色组变为具有0.5pt宽描边的黑色普通路径，如图3-89所示。选择"对象>实时上色>扩展"命令，取消编组后可将实时上色组拆分为单独的色块和描边路径，如图3-90所示。

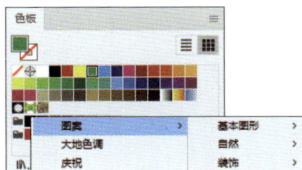
图3-89

图3-90

6. 图案面板

选择"窗口>色板库>图案"命令，或在"色板"面板中单击"色板库"菜单 按钮，在弹出的菜单中可选择图案，有基本图形、自然和装饰三大类预设图案，如图3-91所示。图3-92所示为"基本图形_纹理"面板。

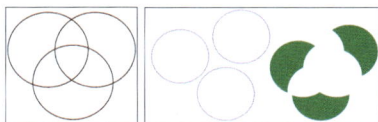
图3-91

图3-92

应用秘技

若要自定义预设图案，只需选中目标图案对象，选择"对象>图案>建立"命令，在"图案选项"面板中设置参数并保存。

7. "描边"面板

选择"窗口>描边"命令，打开"描边"面板，选中要设置描边的对象，在该面板中设置描边的粗细、端点、边角等，如图3-93所示，效果如图3-94所示。

图3-93

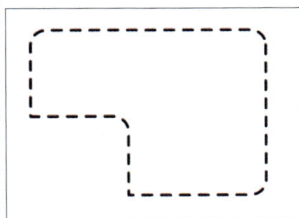
图3-94

3.1.4 对象的选择与变换

对于对象的选择，Illustrator提供了5种工具：选择工具、直接选择工具、编组选择工具、套索工具以及魔棒工具。

● **选择工具**：使用"选择工具"▶可以选中整体对象。

● **直接选择工具**：使用"直接选择工具"▷可以直接选中路径上的锚点或路径段。

● **编组选择工具**：选择"编组选择工具"▷，单击即可选中编组中的对象，再次单击即可选中对象所在的分组。

● **套索工具**：选择"套索工具"⊛，在图像编辑窗口中按住鼠标左键拖曳创建区域即可选中区域中的对象。

● **魔棒工具**：使用"魔棒工具"⚹可选择具有相似属性的对象，如填充、描边等。

选择多个对象后，在控制栏单击 对齐 按钮，或选择"窗口>对齐"命令，打开"对齐"面板，如图3-95所示。通过该面板中的按钮即可设置对象的对齐与分布方式等。

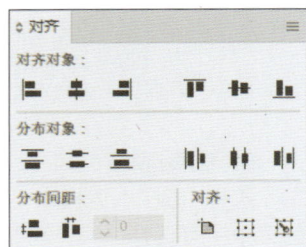

图3-95

● **对齐对象**：对齐对象选项组包含6个对齐按钮，即"水平左对齐"▤、"水平居中对齐"▤、"水平右对齐"▤、"垂直顶对齐"▜、"垂直居中对齐"▥、"垂直底对齐"▙。使用它们可以将选中的多个图形对象整齐排列。

● **分布对象**：分布对象选项组包含6个分布按钮，即"垂直顶分布"▤、"垂直居中分布"▤、"垂直底分布"▤、"水平左分布"▥、"水平居中分布"▥、"水平右分布"▥。使用它们可以将多个图形之间的距离进行调整。

● **分布间距**：分布间距选项组包含2个按钮和指定间距值微调框，2个按钮分别为"垂直分布间距"▤和"水平分布间距"▥。使用它们可以通过对象路径之间的精确距离分布对象。

● **对齐**：在对齐选项组中可以选择对齐的基准，默认选择"对齐关键对象"▦，可以选择"对齐画板"▭、"对齐所选对象"▦。

在绘图的过程中，可以通过变形工具、变换工具、混合工具以及剪贴蒙版变换对象，调整显示状态。

1. 变形工具

使用变形工具可以改变路径的显示，使路径呈现独特的视觉效果。图3-96所示为同一图形样式使用不同变形工具变形后的效果。

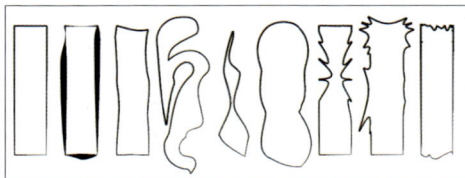

图3-96

常用的变形工具如下。

● **宽度工具**⊶：使用该工具可以调整路径描边的宽度，使路径展现不同宽度的效果。

● **变形工具**▰：使用该工具可以通过鼠标拖曳制作出图形变形的效果。

● **旋转扭曲工具**⟳：使用该工具可以使对象产生旋转扭曲变形的效果。

● **缩拢工具**✳：使用该工具可以使对象向内收缩产生变形的效果。

● **膨胀工具**✦：使用该工具可以使对象向外膨胀产生变形的效果。

- 扇贝工具▤：使用该工具可以使对象向某一点集中产生锯齿变形的效果。
- 晶格化工具▤：使用该工具可以使对象从某一点向外膨胀产生锯齿变形的效果。
- 褶皱工具▤：使用该工具可以使对象边缘产生波动以制作出褶皱的效果。

2. 变换工具

使用变换工具可以调整对象的显示状态。

- 比例缩放工具▤：使用该工具可以围绕固定点调整对象大小。
- 倾斜工具▤：使用该工具可以将对象沿水平或垂直方向进行倾斜处理。
- 旋转工具▤：使用该工具可以以对象的中心点为轴心进行旋转操作。
- 镜像工具▤：使用该工具可以使对象进行垂直或水平方向的翻转。
- 自由变换工具▤：使用该工具可以旋转、缩放、倾斜和扭曲对象。选择目标对象，选择"自由变换工具"▤会显示包含工具选项的控件。默认情况下，"自由变换"▤为选定状态，如图3-97所示。

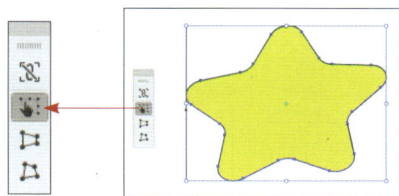

图3-97

在控件中各按钮可实现的操作如下。

- 约束▤：在使用"自由变换""自由扭曲"时选择此按钮将按比例缩放对象。
- 自由变换▤：拖曳定界框上的点来变换对象。
- 自由扭曲▤：拖曳对象的角手柄可更改对象的大小和角度。
- 透视变换▤：拖曳对象的角手柄可在保持对象的角度的同时更改对象的大小，从而营造透视感。

应用秘技

在"变换"命令菜单中，既包括变换工具中的旋转、镜像、缩放等操作，还包括再次变换和分别变换操作。

- **再次变换**：每次进行变换对象操作时，系统会自动记录该操作，选择"再次变换"命令，可以以相同的参数进行再次变换。以移动为例，选择直线段，按住Alt键移动以复制，如图3-98所示。可一次或多次选择"对象>变换>再次变换"命令或按Ctrl+D组合键，效果如图3-99所示。

- **分别变换**：当选择多个对象进行变换时，可以选择"分别变换"命令，让选中的各个对象按照自己的中心点进行变换。

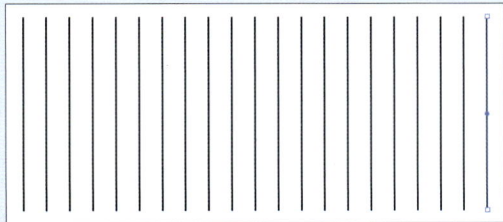

图3-98　　　　　　　　　图3-99

3. 混合工具

使用混合工具可以创建混合并在两个对象之间平均分布形状；也可以在两个开放路径之间进行混合，在对象之间创建平滑的过渡；还可以组合颜色和对象的混合，在特定对象形状中创建颜色过渡。

创建混合的方法有以下3种。

- 选择"混合工具" ，在要创建混合的对象上依次单击。
- 选择"对象>混合>建立"命令。
- 按Alt+Ctrl+B组合键。

创建完成，双击"混合工具" ，在弹出的"混合选项"对话框中可以设置间距和选择取向，如图3-100所示。在"间距"下拉列表中，选择"平滑颜色"选项将自动计算混合的步骤数；选择"指定的步数"选项可以设置在混合开始与混合结束之间的步骤数；选择"指定的距离"选项可以设置混合步骤之间的距离。图3-101所示分别为创建不同间距的混合效果。

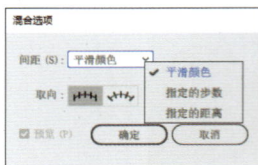
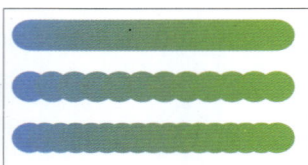

图3-100　　　　　　　　　图3-101

4. 剪贴蒙版

剪贴蒙版可以用其形状遮盖其他图稿的对象，并将多余的画面隐藏起来。创建"剪贴蒙版"需要两个对象：一个是作为蒙版的"容器"（图形或文字），另一个是被裁剪的对象（位图、矢量图或编组的对象）。

置入一张位图图像，绘制一个矢量图，使矢量图置于位图上方，按Ctrl+A组合键全选，如图3-102所示；右击，在弹出的快捷菜单中选择"建立剪贴蒙版"创建剪贴蒙版，如图3-103所示。右击，在弹出的快捷菜单中选择"释放剪贴蒙版"即可，被释放的剪贴蒙版路径的填充和描边为无。

图3-102　　　　　　　　　图3-103

3.1.5　文本的创建与编辑

使用"文字工具" T 或"直排文字工具" 可以创建点文字。点文字是指从单击位置开始随着字符输入而扩展的一行横排文本或一列直排文本，输入的文字独立成行或列，不会自动换行，效果如图3-104所示。可以在需要换行的位置按Enter键进行换行，效果如图3-105所示。

推动绿色发展 促进人与自然和谐共生　　推动绿色发展
　　　　　　　　　　　　　　　　　　促进人与自然和谐共生

图3-104　　　　　　　　　图3-105

若需要输入大量文字，可以通过段落文字进行更好的整理与归纳。段落文字与点文字的最大区别在于，段落文字被限定在文本输入框中，到达文本输入框边界时将自动换行。选择"文字工具" **T** 在画板上拖曳鼠标创建文本输入框，如图3-106所示。在文本输入框中输入文字即可创建段落文字，可手动调整文本输入框，效果如图3-107所示。

坚持自主可控、安全高效，推进产业基础高级化、产业链现代化，保持制造业比重基本稳定，增强制造业竞争优势，推动制造业高质量发展。

图3-106　　　　　　　　　图3-107

应用秘技

通过"创建轮廓"命令可以使文本转变为图形对象，不再具有字体的属性，但是可以对其进行变形、艺术处理。选中目标文字，如图3-108所示。选择"文字>创建轮廓"命令或按Shift+Ctrl+O组合键，使文本转变为图形对象，如图3-109所示。取消编组后，分别置入素材，如图3-110所示，调整图层顺序后创建剪贴蒙版，效果如图3-111所示。

图3-108　　　图3-109　　　图3-110　　　图3-111

添加文本或段落文本后，除了可以在控制栏中设置字符样式、大小、颜色等，还可以在"字符"和"段落"面板中设置字距、基线移动等。

（1）在"字符"面板

在"字符"面板中可以为文档中的单个字符应用格式设置选项。选中输入的文字对象，选择"窗口>文字>字符"命令或按Ctrl+T组合键，打开"字符"面板，如图3-112所示。

（2）在"段落"面板

在"段落"面板中可以设置段落格式，包括对齐方式、段落缩进、段落间距等。选中要设置段落格式的段落，选择"窗口>文字>段落"命令，或按Ctrl+Alt+T组合键，即可打开"段落"面板，如图3-113所示。

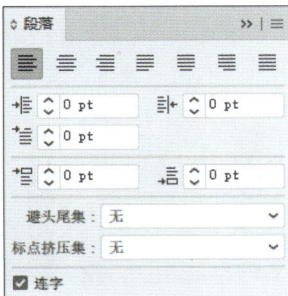

图3-112　　　　　　　　　图3-113

3.2　图像元素的处理

本节将针对UI中图像元素的处理进行讲解，包括图像大小的调整显示、图像的修饰与修复、图像的抠取与合成、图像的色彩调整以及图像的特效应用。

3.2.1　图像大小的调整显示

当图像大小不满足要求时，可根据需要在操作过程中进行调整。

1. 图像大小

图像质量与图像的尺寸、分辨率等有很大的关系，其中分辨率越高，图像就越清晰，而图像文件所占用的空间就越大。选择"图像>图像大小"命令或按Ctrl+Alt+I组合键，打开"图像大小"对话框，在该对话框中可对图像的相关信息进行设置，如图3-114所示，单击"确定"按钮即可完成设置。

图3-114

2. 裁剪工具

使用裁剪工具可以裁掉多余的图像，并重新定义画布的大小。

选择"裁剪工具"，可以拖曳裁剪框自定义图像大小，也可以在该工具的选项栏中设置图像的约束方式以及比例等进行精确裁剪，如图3-115所示。

图3-115

裁剪框有8个控制点，裁剪框内的区域是要保留的区域，裁剪框外的区域是要删除的区域，该区域会变暗。拖曳裁剪框至合适大小，如图3-116所示，按Enter键完成裁剪，效果如图3-117所示。

图3-116

图3-117

应用秘技

当裁剪框大于图像原本的尺寸时，多出的部分会自动填充背景颜色。选择"矩形工具"，在原背景处创建选区，如图3-118所示。按Ctrl+T组合键自由变换，按住Shift键拉伸选区可以覆盖背景色，另外一侧执行相同的操作，最终效果如图3-119所示。

图3-118

图3-119

3.2.2 图像的修饰与修复

使用修饰工具可以整体或局部调整图像的颜色与细节，使用修复工具则可以完美地复制图像元素以及修复瑕疵。

1. 修饰图像

使用模糊工具、锐化工具、涂抹工具、减淡工具、加深工具和海绵工具，可以对图像的颜色进行细微的调整，例如模糊、锐化、加深或减淡图像颜色，如图3-120所示。

图3-120

- 模糊工具 ◊：该工具通过涂抹降低图像相邻像素之间的反差，使得生硬的图像边界变得柔和，颜色过渡变得平缓，从而起到模糊图像局部的效果。该工具的强度数值越大，模糊效果越明显。
- 锐化工具 △：该工具通过涂抹增强图像相邻像素之间的反差，使图像的边界变得明显。该工具的强度数值越大，锐化效果越明显。
- 涂抹工具 ⦰：该工具可用于模拟在未干的绘画纸上拖曳手指的效果，也可用于修复有缺陷的图像边缘。
- 减淡工具 ⚲：该工具可以通过涂抹对图像的暗部、中间调、高光部分别进行减淡处理。
- 加深工具 ✎：该工具可以通过涂抹对图像的色调进行加深处理，常用于阴影部分的处理。
- 海绵工具 ⬤：该工具主要用于改变图像局部的色彩饱和度，也可用于增加或减少一种颜色的饱和度或浓度。

2. 修复图像

使用仿制图章工具、污点修复画笔工具、修复画笔工具、修补工具，可以修复图像中的瑕疵，使修复的结果自然融入周围的图像，并使其纹理、亮度和层次与所修复的像素相匹配。

（1）仿制图章工具

选择"仿制图章工具" ▲，在该工具的选项栏中设置参数，按住Alt键的同时单击要复制的区域进行取样，如图3-121所示，在图像中拖曳鼠标并单击即可复制图像，效果如图3-122所示。

图3-121　　　　　　　　　　图3-122

（2）污点修复画笔工具

污点修复画笔工具可用于修复瑕疵。

选择"污点修复画笔工具" ⦰，在该工具的选项栏中设置参数，在需要修复的区域单击并拖曳鼠标，释放鼠标左键后系统自动修复瑕疵，修复前后的图像如图3-123、图3-124所示。

图3-123　　　　　　　　　　　　　图3-124

（3）修复画笔工具

使用修复画笔工具进行图像修复时，会与周围颜色进行运算，使修复的颜色能更好地与周围融合。

选择"修复画笔工具" 🖊 ，按住Alt键在源区域单击取样，在目标区域单击并拖曳鼠标，即可将取样的内容复制到目标区域中，修复前后的图像如图3-125、图3-126所示。

图3-125　　　　　　　　　　　　　图3-126

（4）修补工具

修补工具会将样本像素的纹理、光照强度和阴影与源像素进行匹配。

选择"修补工具" ⚙ ，沿需要修补的部分绘制选区，如图3-127所示，拖曳选区到其他空白区域处，释放鼠标左键即可用其他区域的图像修补有瑕疵的图像区域，效果如图3-128所示。

图3-127　　　　　　　　　　　　　图3-128

3.2.3　图像的抠取与合成　　　　　　　　　　　　　　　　　🔍

图像的抠取可以使用工具或执行命令实现，图像的合成可以使用蒙版实现，下面将进行具体的介绍。

1. 使用工具抠取图像

使用多边形套索工具、磁性套索工具、对象选择工具、魔棒工具、快速选择工具、钢笔工具以及弯度钢笔工具，可以对不同类型的图像进行抠取操作。

（1）多边形套索工具

使用多边形套索工具可以创建规则的选区。

选择"多边形套索工具" 📐 ，沿图像主体边缘创建选区，如图3-129所示。按Ctrl+J组合键复制选区，隐藏背景图层，效果如图3-130所示。

图3-129　　　　　　　　　　图3-130

（2）磁性套索工具

使用磁性套索工具可以快速选择与背景对比强烈且边缘复杂的对象。

选择"磁性套索工具" ，沿图像边缘创建选区，如图3-131所示。生成选区后复制选区，隐藏背景图层，效果如图3-132所示。

图3-131　　　　　　　　　　图3-132

（3）对象选择工具

使用对象选择工具可以简化在图像中选择对象或区域的过程，系统将自动检测并选择对象或区域。

选择"对象选择工具" ，在目标处单击，系统自动生成选区，如图3-133所示。复制选区后，隐藏背景图层，效果如图3-134所示。

图3-133　　　　　　　　　　图3-134

（4）魔棒工具

魔棒工具可以根据颜色的色彩范围来确定选区，使用该工具能够快速选择色彩差异大的图像区域。

选择"魔棒工具" ，将鼠标指针移动到需要创建选区的图像区域中，当鼠标指针变为 形状时单击即可快速创建选区，如图3-135所示，按住Shift键可增大选区范围，按住Alt键可减小选区范围，解锁背景图层，按Delete键可删除选区，效果如图3-136所示。

图3-135　　　　　　　　　　图3-136

（5）快速选择工具

使用快速选择工具可以利用可调整的圆形笔尖根据图像区域颜色的差异迅速绘制出选区。

选择"快速选择工具" ，拖曳创建选区时，其选取范围会随着鼠标指针的移动而自动向外扩展并自动查找和跟随图像中定义的边缘，如图3-137所示，按住Shift键可增大选区范围，按住Alt键可减小选区范围，解锁背景图层，按Delete键可删除选区，效果如图3-138所示。

图3-137　　　　　　　　　　　　　图3-138

（6）钢笔工具

使用钢笔工具可以绘制任意形状的直线或曲线路径。

选择"钢笔工具" ，在该工具的选项栏中将模式更改为"路径"，沿图像主体边缘绘制路径，按Ctrl+Enter组合键创建选区，如图3-139所示，按Ctrl+Shift+I组合键反选选区，按Ctrl+J组合键复制选区，隐藏背景图层，效果如图3-140所示。

图3-139　　　　　　　　　　　　　图3-140

（7）弯度钢笔工具

使用弯度钢笔工具可以轻松绘制平滑曲线和直线段，可以在设计中创建自定义形状，或定义精确的路径。在使用该工具的时候，无须切换工具就能创建、切换、编辑、添加或删除平滑点或角点。

选择"弯度钢笔工具" ，单击可创建起始点，绘制第二个点时两点连接形成直线段，绘制第三个点时，这3个点就会形成一条连接的曲线，将鼠标指针移至锚点处，当指针变为 时，可随意移动锚点位置，闭合路径后创建选区，如图3-141所示，解锁背景图层，按Delete键可删除选区，效果如图3-142所示。

图3-141　　　　　　　　　　　　　图3-142

2. 执行命令抠取图像

执行"色彩范围"、"主体"以及"选择并遮住"命令，可以对不同类型的图像进行抠取操作。

（1）色彩范围

"色彩范围"命令的原理是根据色彩范围创建选区，主要针对色彩进行操作。选择"选择>色彩范围"命令，弹出"色彩范围"对话框，如图3-143所示。移动鼠标指针到图像文件中，当鼠标指针变为吸管工具时，可在需要选取的图像颜色上单击，然后在"色彩范围"对话框中单击"确定"按钮，效果如图3-144所示。

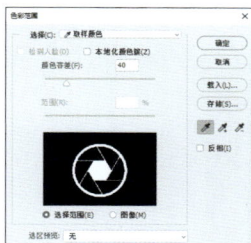

图3-143　　　　　　　　　　　　　　图3-144

选择"选择>修改>扩展"命令，在弹出的"扩展选区"对话框中设置参数，如图3-145所示。按Shift+F5组合键，在弹出的"填充"对话框中选择填充颜色，效果如图3-146所示。

图3-145　　　　　　　　　　　　　　图3-146

（2）主体

使用"主体"命令可以自动选择图像中最突出的主体。

选择"选择>主体"命令，可以快速选择主体，如图3-147所示。按Ctrl+J组合键复制选区，隐藏背景图层，效果如图3-148所示。

图3-147　　　　　　　　　　　　　　图3-148

应用秘技

　　在对象选择工具、快速选择工具或魔棒工具的选项栏中单击"选择主体"按钮可快速选择主体。

（3）选择并遮住

使用"选择并遮住"命令可以创建细致的选区范围，从而更好地将图像从繁杂的背景中抠取出来。在Photoshop中打开一幅图片，执行以下任意一种操作可进行选择并遮住工作区：

● 选择"选择>选择并遮住"命令；
● 选择任意能够创建选区的工具，在该工具的选项栏中单击"选择并遮住"按钮；

● 当前图层若添加了图层蒙版，选中图层蒙版缩略图，在"属性"面板中单击"选择并遮住"按钮。

执行以上任意一种操作，打开"选择并遮住"工作区，工作区的左侧为工具栏，中间为图像编辑操作区域，右侧为可调整的选项设置区域，如图3-149所示。

图3-149

3. 使用蒙版合成图像

蒙版又称"遮罩"，是一种特殊的图像处理方式，它就像一张布一样，可以遮盖住处理区域的一部分，对处理区域内的整个图像进行模糊、上色等操作时，被蒙版遮盖起来的部分就不会被改变。在Photoshop中，蒙版分为快速蒙版、剪贴蒙版、图层蒙版和矢量蒙版这4类。下面就常用的剪贴蒙版和图层蒙版进行介绍。

（1）剪贴蒙版

使用剪贴蒙版能够在不影响原图像的同时有效地完成剪贴制作。蒙版中的基底图层名称带下画线，上层图层的缩览图是缩进的。

使用弯度钢笔工具绘制选区，如图3-150所示，按Ctrl+Enter组合键创建选区，按Ctrl+J组合键复制选区，置入素材，效果如图3-151所示。

图3-150　　　　　　　　　　　图3-151

按Ctrl+Alt+G组合键创建剪贴蒙版，调整位置，如图3-152所示，效果如图3-153所示。

图3-152　　　　　　　　　　　图3-153

（2）图层蒙版

创建图层蒙版后可以无损编辑图像，即可在不损失图像像素的前提下，将部分图像隐藏，并可随时根据需要重新修改隐藏的部分图像。

选择需要添加蒙版的图层为当前图层，创建选区后单击"图层"面板底部的"添加蒙版" ▣

按钮，设置前景色为黑色，选择"画笔工具"在图层蒙版上进行调整。图3-154、图3-155所示为使用图层蒙版前后对比效果。

图3-154

图3-155

3.2.4　图像的色彩调整

通过"色阶"和"曲线"命令可以调整图像的明暗关系；通过"色相/饱和度""色彩平衡"命令可以调整图像的色调和饱和度。通过"去色"命令可以将图像转换为灰度图像，去除所有颜色。

1. 色阶

"色阶"命令主要用来调整图像的高光、中间调以及阴影的强度级别，从而校正图像的色调范围和色彩平衡。选择"图像>调整>色阶"命令或按Ctrl+L组合键，将弹出"色阶"对话框，如图3-156所示。

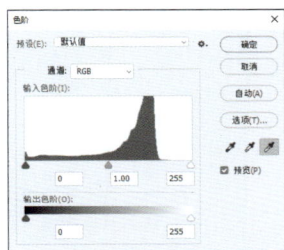

图3-156

图3-157、图3-158所示为调整色阶参数前后效果对比。

图3-157

图3-158

2. 曲线

使用"曲线"命令不仅可以调整图像整体的色调，精确地控制图像中多个色调区域的明暗度，还可以将一幅整体偏暗且模糊的图像变得清晰、色彩鲜明。选择"图像>调整>曲线"命令或按Ctrl+M组合键，将弹出"曲线"对话框，如图3-159所示。

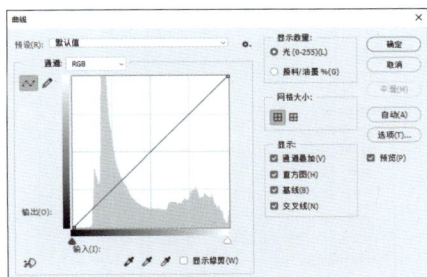

图3-159

图3-160、图3-161所示为调整曲线参数前后对比效果。

图3-160   图3-161

3. 色相/饱和度

"色相/饱和度"命令不仅可以用于调整图像像素的色相和饱和度，还可以用于灰度图像的色彩渲染，从而给灰度图像添加颜色。选择"图像>调整>色相/饱和度"命令或按Ctrl+U组合键，将弹出"色相/饱和度"对话框，如图3-162所示。

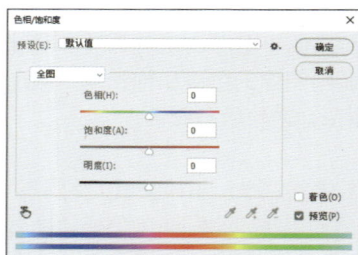

图3-162

图3-163、图3-164所示为调整色相/饱和度参数前后对比效果。

图3-163   图3-164

4. 色彩平衡

"色彩平衡"命令可以改变颜色的混合、修正图像中明显的偏色问题。该命令可以在图像原色的基础上根据需要添加其他颜色，或通过增加某种颜色的补色，以减少该颜色的数量，从而改变图像的色调。选择"图像>调整>色彩平衡"命令或按Ctrl+B组合键，将弹出"色彩平衡"对话框，如图3-165所示。

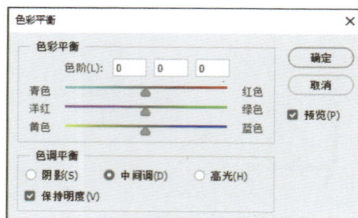

图3-165

图3-166、图3-167所示为调整色彩平衡参数前后对比效果。

图3-166　　　　　　　　　　　图3-167

5．去色

去色即去掉图像的颜色，将图像中所有颜色的饱和度变为0，使图像显示为灰度图像，每个像素的亮度值不会改变。对图像选择"图像>调整>去色"命令或按Shift+Ctrl+U组合键即可。图3-168、图3-169所示为去色前后对比效果。

图3-168　　　　　　　　　　　图3-169

3.2.5　图像的特效应用

通过"图层"面板中的图层样式，滤镜菜单中的独立滤镜组以及特效滤镜组可以为图像添加不同的特效。

1．图层样式

使用图层样式功能，可以简单、快捷地为图像添加斜面和浮雕、描边、内阴影、内发光、光泽、外发光以及投影等效果。

添加图层样式主要有以下3种方法。

● 单击"图层样式"面板底部的"添加图层样式" *fx* 按钮，从弹出的菜单中选择任意一种样式，如图3-170所示。

● 选择"图层>图层样式"中相应的命令。

● 双击需要添加图层样式的图层缩览图或图层。

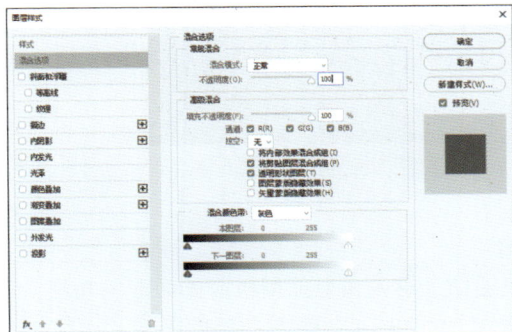

图3-170

"图层样式"对话框中各选项的功能如下。

● 混合选项：设置图像的混合模式与不透明度，设置图像的填充不透明度，设置通道的混合范围，以及设置混合像素的亮度范围。

● 斜面和浮雕：可以添加不同组合方式的浮雕效果，从而提高图像的立体感。

● 描边：可以使用颜色、渐变以及图案来绘制图像的轮廓边缘。

● 内阴影：可以在紧靠图层内容的边缘向内添加阴影，使图层呈现凹陷的效果。

● 内发光：沿图层内容的边缘向内创建发光效果。

● 光泽：可以为图像添加光滑的、具有光泽的内部阴影。

● 颜色叠加：可以在图像上叠加指定的颜色，通过混合模式的修改调整图像与颜色的混合效果。

● 渐变叠加：可以在图像上叠加指定的渐变色。

● 图案叠加：可以在图像上叠加图案。通过混合模式的设置使叠加的图案与原图混合。

● 外发光：可以沿图层内容的边缘向外创建发光效果。

● 投影：可以为图层模拟出向后的投影效果，增强某部分的层次感及立体感。

2. 独立滤镜组

独立滤镜组不包含任何滤镜子菜单，直接执行即可应用效果。独立滤镜组包括滤镜库、自适应广角滤镜、Camera Raw滤镜、镜头校正滤镜、液化滤镜以及消失点滤镜。下面将介绍常用的3种滤镜。

（1）滤镜库

滤镜库中包含风格化、画笔描边、扭曲、素描、纹理以及艺术效果6组滤镜，可以非常方便、直观地为图像添加滤镜。选择"滤镜>滤镜库"命令，单击不同的缩略图，即可在左侧的预览框中看到应用不同滤镜后的效果，如图3-171所示。

图3-171

（2）Camera Raw滤镜

Camera Raw滤镜不但提供了导入和处理相机原始数据的功能，而且可以用来处理JPEG和TIFF格式文件。选择"滤镜>Camera Raw滤镜"命令，将弹出"Camera Raw 14.0"对话框，如图3-172所示。

图3-172

（3）液化滤镜

液化滤镜可推、拉、旋转、反射、折叠和膨胀图像的任意区域。创建的扭曲可以是细微的或剧烈的，这使"液化"命令成为修饰图像和创建艺术效果的强大工具。选择"滤镜>液化"命令，将弹出"液化"对话框，如图3-173所示。

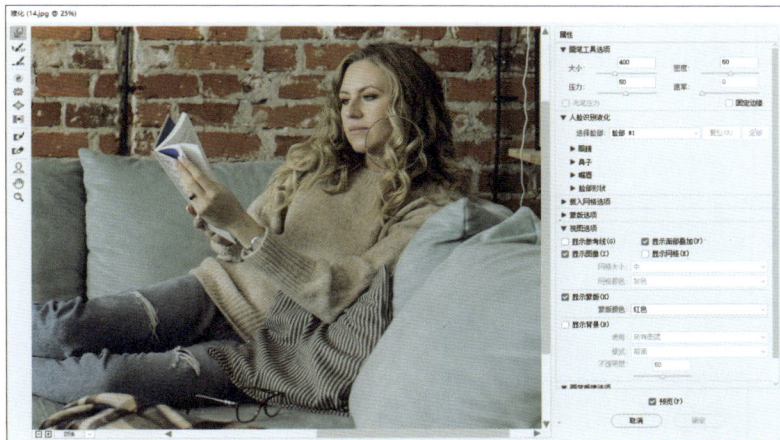

图3-173

3. 特效滤镜组

特效滤镜组主要包括风格化滤镜组、模糊滤镜组、扭曲滤镜组、像素化滤镜组、渲染滤镜组、杂色滤镜组和其他滤镜组，每个滤镜组中又包含多种滤镜，根据需要可自行选择想要的图像效果。

（1）风格化滤镜组

风格化滤镜组的滤镜通过置换像素和通过查找并增加图像的对比度，在选区中生成绘画或印象派的效果。选择"滤镜>风格化"命令，弹出子菜单，如图3-174所示。比较常用的有以下几种滤镜。

● 风：将图像的边缘进行位移，创建水平线用于模拟风的动感效果。

● 拼贴：将图像分解为一系列块状，并使其偏离原来的位置，进而产生不规则拼贴效果。

● 油画：为普通图像添加油画效果。

图3-174

（2）模糊滤镜组

模糊滤镜组的滤镜可以不同程度地柔化选区或整个图像。选择"滤镜>模糊"命令，弹出子菜单，如图3-175所示。比较常用的有以下几种滤镜。

● 动感模糊：沿指定方向以指定强度对图像进行模糊，类似于以固定的曝光时间给一个移动的对象拍照。

● 高斯模糊：使用可调整的量快速模糊选区。该滤镜可添加低频细节，以产生朦胧效果。

● 径向模糊：模拟缩放或旋转的相机所产生的模糊，产生一种柔化的模糊效果。

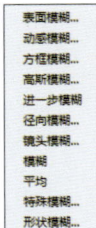
图3-175

（3）扭曲滤镜组

扭曲滤镜组的滤镜可以将图像进行几何扭曲，创建3D或其他变形效果。选择"滤镜>扭曲"命令，弹出子菜单，如图3-176所示。比较常用的有以下几种滤镜。

● 波浪：根据设定的波长和波幅产生波浪效果。

● 极坐标：根据选中的选项，将选区坐标从平面坐标转换为极坐标，或将选区坐标从极坐标转换为平面坐标。

● 挤压：使全部图像或选区产生向外或向内挤压的变形效果。

● 切变：通过拖曳框中的线条来指定曲线，沿所设曲线扭曲图像。

● 置换：使用名为置换图的图像确定如何扭曲选区。

图3-176

（4）像素化滤镜组

像素化滤镜组的滤镜可通过使单元格中颜色值相近的像素结成块来清晰地定义一个选区。选择"滤镜>像素化"命令，弹出子菜单，如图3-177所示。比较常用的有以下几种滤镜。

● 彩色半调：模拟在图像的每个通道上使用半调网屏的效果。

● 马赛克：使像素结为正方形块。给定正方形块中的像素颜色相同，正方形块颜色代表选区中的颜色。

● 铜版雕刻：将图像转换为黑白区域的随机图案或彩色图像中完全饱和颜色的随机图案。

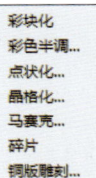
图3-177

（5）渲染滤镜组

渲染滤镜组的滤镜能够在图像中产生光线照明的效果，通过渲染滤镜组中的滤镜，还可以制作云彩效果。选择"滤镜>渲染"命令，弹出子菜单，如图3-178所示。比较常用的有以下几种滤镜。

● 光照效果：该滤镜包括17种不同的光照风格、3种光照类型和4组光照属性，可在RGB图像上制作出各种光照效果。

● 镜头光晕：模拟亮光照射到相机镜头所产生的折射效果。

● 云彩：使用介于前景色与背景色之间的随机值，生成柔和的云彩图案。通常用于制作天空、云彩、烟雾等效果。

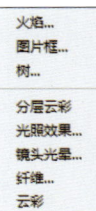
图3-178

（6）杂色滤镜组

杂色滤镜组的滤镜可以添加或移除杂色或带有随机分布色阶的像素，有助于将选区混合到周围的像素中，还可以创建与众不同的纹理或移除有问题的区域，如灰尘、划痕。选择"滤镜>杂色"命令，弹出子菜单，如图3-179所示。比较常用的有以下几种滤镜。

● 减少杂色：去除扫描照片和数码相机拍摄照片上的杂色。

● 蒙尘与划痕：通过更改相异的像素减少杂色。

● 添加杂色：将随机像素应用于图像，模拟在高速胶片上拍照的效果。

● 中间值：通过混合选区中像素的亮度来减少图像的杂色。

图3-179

实战演练：制作网站登录页

实战目标

本实战将使用矩形工具、自定形状工具、椭圆工具、图层样式、多边形套索工具、横排文字工具等制作网站登录页。

资源位置

素材\第3章\实战演练\网站登录页。

1. 制作网站登录页背景

背景部分主要通过滤镜对图像进行径向模糊、高斯模糊处理。

微课视频

步骤01 启动Photoshop，单击"新建"按钮，在弹出的"新建文档"对话框中单击"Web"选项卡，单击"网页-大尺寸"空白文档预设，在对话框右侧设置文档名，单击"创建"按钮，如图3-180所示。

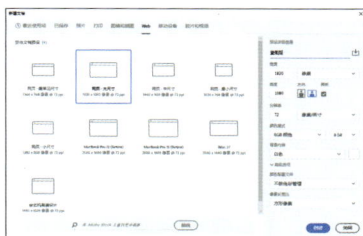
图3-180

步骤02 置入素材图像，调整大小，效果如图3-181所示。

步骤03 按Ctrl+J组合键复制图层，如图3-182所示。

图3-181　　　　　　　图3-182

步骤04 按Enter键完成调整，选择"滤镜>模糊>径向模糊"命令，在弹出的"径向模糊"对话框中设置参数，如图3-183所示。

步骤05 调整模糊位置，效果如图3-184所示。

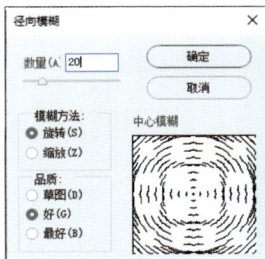

图3-183　　　　　　　图3-184

步骤06 按Enter键完成调整，选择"滤镜>模糊>高斯模糊"命令，在弹出的"高斯模糊"对话框中设置参数，如图3-185所示，设置完成的效果如图3-186所示。

图3-185　　　　　　　　　图3-186

2. 制作网站登录卡片

微课视频

登录卡片部分主要使用圆角矩形工具绘制卡片状态，卡片左侧为原背景图层，右侧为登录与注册信息填写部分，右上角为二维码登录部分，右侧底部为第三方登录部分，最后为登录卡片添加投影效果。

步骤01　按Ctrl+'组合键显示网格，设置前景色为白色，选择"圆角矩形工具"，设置半径为50px，绘制圆角矩形，效果如图3-187所示。

步骤02　按Ctrl+J组合键复制图层，按Ctrl+T组合键自由变换，按住Shift键向内拖曳调整圆角矩形的宽度，按住Alt键调整右侧圆角半径，效果如图3-188所示。

图3-187　　　　　　　　　图3-188

步骤03　将背景图层移动至顶层，按Ctrl+Alt+G组合键创建剪贴蒙版，按Ctrl+T组合键自由变换，调整大小，效果如图3-189所示。

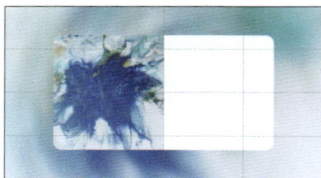

图3-189

步骤04　选择"横排文字工具"输入文字，在"字符"面板中设置参数，如图3-190所示，设置完成的效果如图3-191所示。

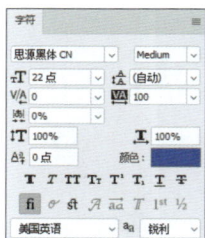

图3-190　　　　　　　　　图3-191

步骤05　选择"圆角矩形工具"，设置半径为1px，颜色为字体颜色，绘制圆角矩形，并使其与文字居中对齐，效果如图3-192所示。

步骤06 按住Alt键复制文字，更改文字与字体颜色，效果如图3-193所示。

图3-192　　　　　　　　　图3-193

步骤07 选择"圆角矩形工具"，设置填充为无，描边为1px，颜色为30%灰色，半径为10px，绘制圆角矩形，并使其与文字左对齐，效果如图3-194所示。

步骤08 选择"横排文字工具"，输入文字，效果如图3-195所示。

图3-194　　　　　　　　　图3-195

步骤09 框选圆角矩形和文字，按住Alt键移动复制并更改文字，效果如图3-196所示。

步骤10 按住Alt键移动复制圆角矩形，填充10%灰色，效果如图3-197所示。

图3-196　　　　　　　　　图3-197

步骤11 按Ctrl+J组合键复制图层，按Ctrl+T组合键自由变换，按住Shift键调整圆角矩形宽度，更改填充颜色为白色，描边为浅青蓝，如图3-198所示。

步骤12 选择"横排文字工具"输入文字，字体颜色设置为黑色，效果如图3-199所示。

图3-198　　　　　　　　　图3-199

步骤13 选择"自定形状工具"，在选项栏中选择形状"箭头6"，按住Shift键绘制形状并将其填充为纯青蓝，如图3-200所示。

步骤14 选择"椭圆工具"，按住Shift键绘制正圆，将其填充为纯青蓝，按住Alt键移动复制，使用"移动工具"选中两个正圆和箭头后，设置垂直居中对齐，整体与矩形框水平居中对齐，效果如图3-201所示。

图3-200　　　　　　　　　　　　图3-201

步骤15　选择"矩形工具"绘制矩形，将其填充为浅青蓝，效果如图3-202所示。

步骤16　选择"自定形状工具"，在选项栏中选择形状"复选标记"，按住Shift键绘制形状并将其填充为白色，使其与矩形在垂直水平上居中对齐，效果如图3-203所示。

图3-202　　　　　　　　　　　　图3-203

步骤17　按住Alt键移动复制密码文本输入框，更改文字并将字号更改为15号，效果如图3-204所示。

步骤18　按住Alt键移动复制"记住账号密码"，更改文字并更改字体颜色为纯青蓝，效果如图3-205所示。

图3-204　　　　　　　　　　　　图3-205

步骤19　按住Alt键移动复制圆角矩形，在选项栏中更改填充参数，无描边，如图3-206所示，设置完成的效果如图3-207所示。

图3-206　　　　　　　　图3-207

步骤20　选择"横排文字工具"输入文字，在"字符"面板中设置参数，如图3-208所示，设置完成的效果如图3-209所示。

图3-208　　　　　　　　　　图3-209

步骤21　按住Alt键移动复制"记住账号密码"，更改文字并使其居中对齐，效果如图3-210所示。

步骤22　选择"矩形工具"，绘制矩形，填充文字颜色，按住Alt键水平移动复制，效果如图3-211所示。

图3-210　　　　　　　　　　图3-211

步骤23　置入素材图像，调整大小和位置，效果如图3-212所示。

步骤24　选择"矩形工具"，按住Shift键绘制正方形后，用鼠标右键单击以栅格化该图层，效果如图3-213所示。

图3-212　　　　　　　　　　图3-213

步骤25　选择"多边形套索工具"，沿对角绘制选区，按Delete键删除选区，按Ctrl+D组合键取消选区，效果如图3-214所示。

步骤26　置入二维码，按Ctrl+Alt组合键创建剪贴蒙版，如图3-215所示。

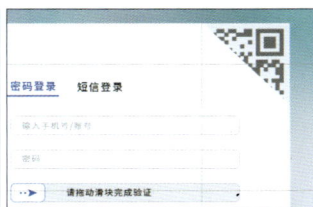

图3-214　　　　　　　　　　图3-215

步骤27　按Ctrl+'组合键隐藏网格，在"图层"面板中双击"矩形1"图层，在弹出的"图层样式"对话框中添加投影图层样式，如图3-216所示。

最终效果如图3-217所示。

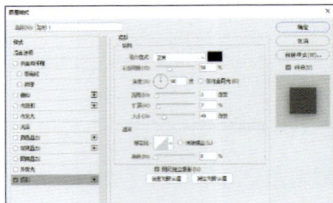
图3-216

图3-217

课后练习：制作极坐标艺术效果背景

练习目标

本练习将使用裁剪工具、扭曲滤镜、图像旋转、仿制图章工具、混合器画笔工具制作极坐标艺术效果背景，如图3-218所示。

资源位置

素材\第3章\课后练习\制作极坐标艺术效果背景。

操作提示如下。

图3-218

步骤01　打开素材，如图3-219所示，使用裁剪工具将其裁剪为1:1图像效果，如图3-220所示。

步骤02　选择"滤镜>扭曲>切变"命令，效果如图3-221所示。

图3-219

图3-220

图3-221

步骤03　垂直翻转画布，使用仿制图章工具修复拼合处细节，效果如图3-222所示。

步骤04　选择"滤镜>扭曲>极坐标"命令，效果如图3-223所示。选择"混合器画笔工具"调整边缘细节后调整整体色彩，效果如图3-224所示。

图3-222

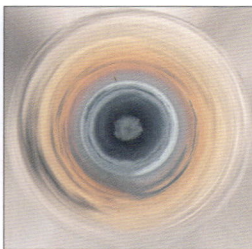
图3-223

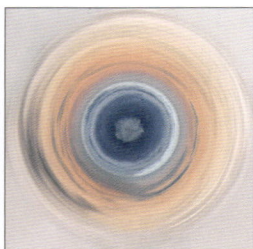
图3-224

知识拓展

Q1：Photoshop和Illustrator的区别是什么？

A：Photoshop和Illustrator的区别主要体现在图像种类、文件格式、选择工具、放大效果、应用领域等方面，如表3-1所示。

表3-1　Photoshop和Illustrator的比较

方面	Photoshop	Illustrator
图像种类	位图	矢量图
文件格式	JPG、PNG、TIFF	AI、EPS、SVG
基于对象	像素的编辑	对象的编辑
选择工具	选择区域	选择对象
剪贴蒙版	作用于对象的下面	作用于对象的上面
工作区域	画布之内	画布内外
放大效果	放大会损失画质	放大不影响画质
图层	包含单个对象的副本	包含多个对象
占用文件空间	大	小
应用领域	图像处理，如人物处理、后期调色、创意合成等	矢量设计，如Logo设计、图标设计、插画设计等

Q2：如何在Photoshop中打开AI（或PDF）文件？

A：选择"文件 > 打开"命令，在弹出的"打开"对话框中选中AI文件，在弹出的"导入PDF"对话框中选择任意页面，保持默认选项即可，如图3-225、图3-226所示。

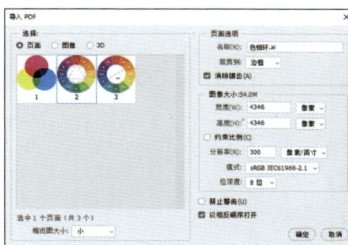

图3-225

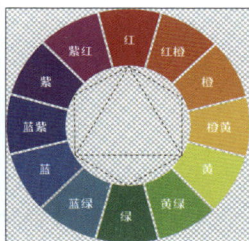

图3-226

Q3：如何在Illustrator中置入PSD文件？

A：选择"文件 > 打开"命令，在弹出的"打开"对话框中选中PSD文件，在弹出的"Photoshop导入选项"对话框中设置"选项"，如图3-227所示，设置完成的效果如图3-228所示。也可以在AI中复制，在Photoshop中粘贴，在弹出的"粘贴"对话框中可选择粘贴选项，如图3-229所示。

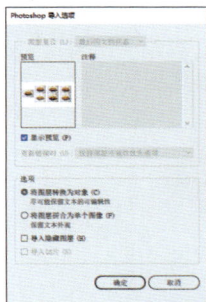

图3-227

图3-228

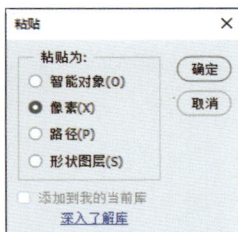

图3-229

第 4 章

UI 控件和组件

内容导读

UI组件的使用经验需要在设计中不断积累。UI控件（如按钮、输入框等）是可视化图形的"原件"。组件中包含多个控件，例如，按钮、文本、图标等，这些控件共同作用可以使组件更加具象化，对后期的UI交互起着重要作用。

4.1　UI控件

UI控件（见图4-1）是操作系统界面的单位元件，是组件的一种，具有可操作性与可控制性。UI控件可以分为输入类UI控件、导航类UI控件以及显示类UI控件。

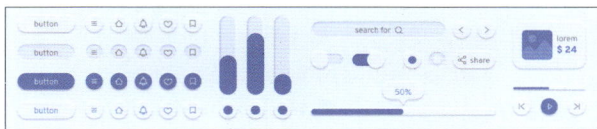

图4-1

● 输入类UI控件：该类型控件允许用户通过键盘或鼠标/触摸屏来输入信息。该类型控件主要包括按钮、输入框、下拉菜单、单选按钮、复选框等。

● 导航类UI控件：该类型控件允许用户在网站或应用程序中移动。该类型控件主要包括链接、面包屑、标签、树形面板、菜单、手风琴等。

● 显示类UI控件：该类型控件可以在屏幕上向用户展示信息。该类型控件主要包括文本（标题/标签）、列表、数据网络、工具提示、警报、图标等。

4.2　按钮控件设计

按钮控件是最常见的控件之一，主要用于触发即时操作，例如进入、关闭、返回、购买、下载、发送等。

4.2.1　认识按钮

本节将从按钮的组成、形状、样式、显示状态以及尺寸这5个方面介绍按钮。

1. 按钮的组成

按钮是由容器、圆角、图标、边框、文案、背景等所组成的，如图4-2所示。部分按钮还会添加投影效果。

图4-2

● 容器：整个按钮的载体，容纳文案、图标等元素。

● 圆角：传达出按钮的"气质"，决定用户的视觉感受，有直角、小圆角和全圆角之分。

● 图标：用于按钮含义的图形化抽象表达，例如加载中等。

● 边框：确定按钮的边界，常用于次级按钮描边。

● 文案：用精简的文字表达按钮的含义。

● 背景：表达按钮的当前状态，对按钮合理地使用主体色作为背景能有效传达品牌"气质"。

● 投影：让按钮具有层次感，配合渐变背景能体现出微质感的效果。

2. 按钮的形状

按钮根据产品属性和界面风格设计，可分为直角、小圆角和全圆角3种样式。

● 直角：严谨、有力量感，适用于金融类产品、奢侈品、商务类产品以及用户授权界面，如图4-3所示。

图4-3

- 小圆角：稳定、中性，适用于用户跨度较大的常规产品，如图4-4所示。

图4-4

- 全圆角：活泼、有亲和力，适用于儿童类、娱乐类、购物类等产品，如图4-5所示。

图4-5

3. 按钮的样式

按钮的样式可分为面性、线性、文字加图标及文字按钮的形式，如图4-6所示。在视觉上，面性按钮＞线性按钮＞文字加图标按钮＞文字按钮。

图4-6

4. 按钮的显示状态

按钮一般有4个显示状态：正常状态、点击状态、悬停状态、禁用状态，如图4-7所示。

- 正常状态：按钮为界面中的显示效果。
- 点击状态：按钮被点击或按压后的状态，常用的颜色是在正常状态的按钮颜色上增加20%的暗度或减少20%的透明度。
- 悬停状态：只会在使用鼠标时出现，在移动端无此状态，常用的颜色是在正常状态的按钮颜色上增加/减少10%的黑色。
- 禁用状态：此状态的按钮不可点击，常用的颜色值为#CCCCCC或#999999。

图4-7

5. 按钮的尺寸

按钮在整个界面中的尺寸和按钮的权重成正比。按钮的设计优先考虑高度，其次考虑宽度等参数，如图4-8所示。

图4-8

（1）按钮高度

按钮的高度可以取文字字号的2.4倍，然后取4倍数的整数，例如字号为24，高度则取56。按钮的高度按权重可分为高、中、低3档。

- 高权重：当同一个界面存在多个按钮时，只允许存在一个高权重（主操作）按钮，其高度通常为40～56pt，例如，登录界面的注册、登录、用户授权等按钮。

- **中权重**：同一个界面可存在多个中权重按钮，其高度通常为24～40pt，例如，个人主页界面中的关注、点赞、评论等按钮。
- **低权重**：低权重按钮是具有提示属性的按钮（其高度通常为12～24pt，能容纳按钮内部文字即可），或者纯文本按钮，例如查看更多、热门搜索、标签等按钮。

（2）按钮宽度

高权重按钮需要进行特殊处理，宽度需撑满屏幕内容区域。中、低权重按钮的宽度取决于按钮内部文字内容：字数越多，按钮越宽。按钮宽度可以用最多容纳字数的宽度加上按钮的高度来计算。

（3）按钮圆角

按钮圆角有直角、小圆角和全圆角之分。圆角为高度的10%，一般取整数，常用的大小为2pt、4pt、6pt。

4.2.2 常见的按钮类型

UI中的常见按钮类型有CTA按钮、文本按钮、幽灵按钮、下拉按钮、汉堡按钮、浮动操作按钮等。

1．CTA按钮

CTA（Call To Action，行为召唤）按钮是一种交互式元素，可用于提示用户注册、登录、关注、立即购买等。可以选择带有圆角的CTA按钮，这种按钮十分醒目。图4-9、图4-10所示分别为移动端和PC端的CTA按钮。

图4-9　　　　图4-10

2．文本按钮

文字按钮周围没有任何形状、色块填充等。当鼠标指针悬停在该按钮上时，按钮中文字的颜色会发生改变，或文字下方出现下画线。此外，网站的标题也没有任何标记，只有文字，如图4-11所示。文本按钮通常用于创建辅助交互式区域，不会分散用户对主要控件或CTA元素的注意力。

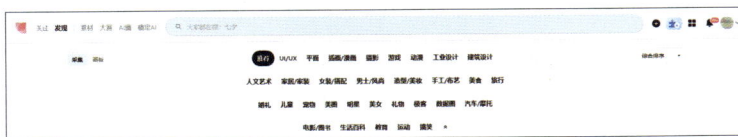

图4-11

3．幽灵按钮

幽灵按钮也称为大纲按钮，呈透明状态，该按钮的形状被按钮副本周围细线包围。图4-12、图4-13所示分别为移动端和PC端的幽灵按钮。如果有多个CTA元素，这种类型的按钮有助于体现视觉层次结构：核心CTA元素显示在填充按钮中，而辅助元素（仍处于活动状态）显示在幽灵按钮中。

图4-12　　　　　　　　　图4-13

4. 下拉按钮

当单击下拉按钮或将鼠标指针悬停在下拉按钮上时，将显示该按钮的下拉列表，为用户提供一个可以添加任何特定项目的开放列表。在下拉列表中，被选中的选项呈激活状态，显示的颜色与未选中选项的不同，如图4-14所示。

5. 汉堡按钮

汉堡按钮是隐藏的菜单按钮，它的名称源于它的形状——通常由3条水平线组成，看起来就像汉堡一样。单击该按钮，将打开菜单并展开其中的所有选项，如图4-15所示。

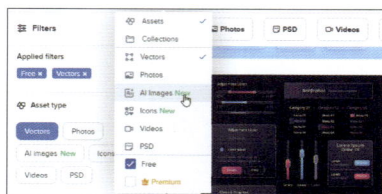

图4-14　　　　　　　　　图4-15

6. 浮动操作按钮

浮动操作按钮即悬浮在UI上方的按钮，通常是某些操作（如分享、活动提示、发布内容、联系客服、管理代办等）的快捷入口，如图4-16所示，点击该按钮即可弹出选项或跳转至操作界面，如图4-17所示。浮动操作按钮的形状、位置和颜色与界面中其他部分有明显的区分。

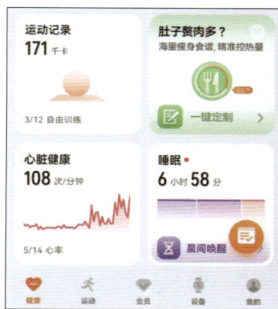

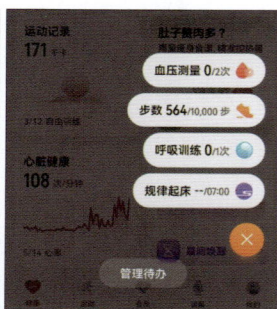

图4-16　　　　　　　　　图4-17

4.2.3　按钮的风格

在UI设计中，按钮的种类有很多，但风格可归类，大致可分为以下四大风格类型。

1. 扁平化按钮

设计扁平化按钮时，通常在容器中填充一个纯色即可，没有多余的视觉干扰，信息简洁、操作简便，如图4-18所示。

2. 微质感按钮

微质感按钮在扁平化按钮的基础上添加了颜色，例如填充渐变色并加上浅浅的投影，不仅能保持信息内容的简洁，在一定程度上也增加了界面的质感，如图4-19所示。

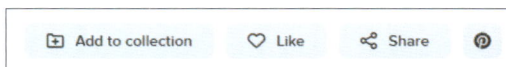

图4-18

图4-19

3. 拟物化按钮

拟物化按钮的3D质感较强，属性样式丰富，通常用于游戏界面，可以增加界面的真实感与趣味性，如图4-20所示。

4. 新拟态按钮

新拟态按钮的效果介于扁平与3D效果之间。它采用一种类似浮雕的设计风格，利用高光和阴影使元素与背景间富有柔和的层次感，具体体现为有凸出和凹陷的立体效果，如图4-21所示。

图4-20

图4-21

4.3　UI组件

UI组件（见图4-22）即用户界面组件，它作为界面构成的模块，包含各种元素，可以以不同的方式进行拆解、重组。UI组件的类型大致可分为基础组件、导航组件、输入组件、展示组件以及反馈组件。

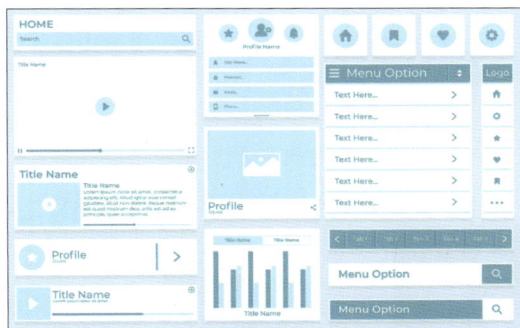

图4-22

● **基础组件**：该类型组件是界面中常见的元素。该类型组件主要包括图标、文本、按钮、图片、单元格、遮罩层、弹出层等。

● **导航组件**：该类型组件的主要作用是提供指引，使用户可以快速定位当前位置。该类型组件主要包括宫格、导航栏、标签栏、索引栏、分页器等。

● **输入组件**：该类型组件的主要作用是输入数据，为用户提供内容输入的操作区域。该类型组件主要包括单选按钮、复选框、输入框、表单、选择器等。

● **展示组件**：该类型组件的主要作用是展示数据，可以清楚地为用户展示数据内容。该类型组件主要包括头像、徽标、标签、列表、通知栏等。

● **反馈组件**：该类型组件的主要作用是交互数据，通过界面元素的变化，可以清晰地展示用户当前的状态。该类型组件主要包括对话框、吐司提示、气泡提示、动作面板、下拉刷新等。

4.4 导航栏组件设计

导航栏是常见的导航组件，可以用于定位用户当前的位置，提供导航和引导，使用户快速找到所需内容，可以对当前界面进行整理与分类，提供全局操作，还可以有效增加品牌的曝光度。

4.4.1 认识导航栏

导航栏通常会划分为左侧、中间、右侧3个区域，由容器、标题、图标、按钮、搜索框、用户头像、标签/分类、更多菜单、分割线等元素构成，如图4-23所示。

图4-23

- **左侧**：通常包含用户头像、品牌Logo、下拉菜单、返回、关闭、汉堡按钮等元素。
- **中间**：通常包含标题、用户头像、搜索框、下拉列表、分段控件、标签导航等元素。
- **右侧**：通常包含搜索框、消息、扫一扫、更多、登录、注册、用户头像等元素。

4.4.2 导航栏的类型

导航栏的类型多种多样，常见的有标签导航、舵式导航、侧边栏导航、宫格导航、列表导航、下拉式导航等。

1. 标签导航

标签导航是比较常见的导航，主要分为顶部导航、底部导航以及顶部底部混合导航，用于对核心功能进行明确分类，也能实现快速切换到目标界面的目的。

- **顶部导航**：属于二级辅助导航，一般标签数量在3个以上，具有较强的可扩展性，如图4-24所示。
- **底部导航**：也称为标签栏，它是最常见的导航模式之一，位于界面底部，一般会保持3~5个标签，点击相应标签即可切换界面，如图4-25所示。
- **顶部底部混合导航**：部分界面也会使用顶部、底部的混合标签导航，如图4-26所示。

图4-24   图4-25   图4-26

2. 舵式导航

舵式导航是底部导航栏（标签栏）的一种表现形式，其特点在于通过舵式按钮突出核心功能，从而引导用户进行内容发布。这种导航方式常用于以用户为主的内容类产品。图4-27所示的导航主要突出"卖闲置"功能，点击"卖闲置"的效果如图4-28所示，可选择任意选项进行操作。

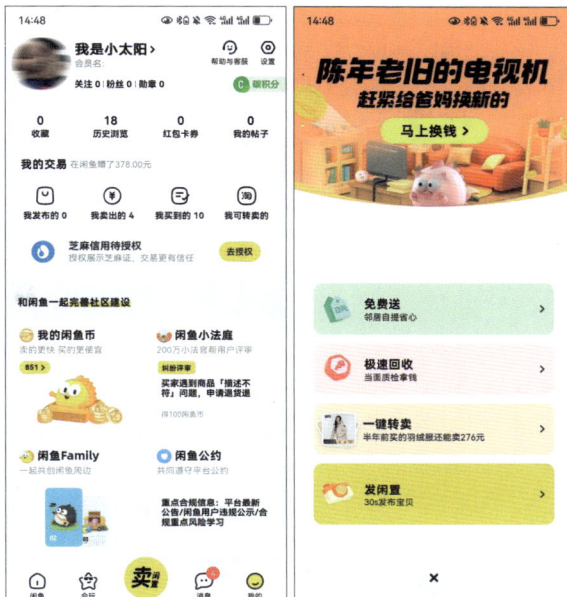

图4-27　　　　　　　　　　　图4-28

3. 侧边栏导航

侧边栏导航也叫抽屉式导航，它能够隐藏非核心的操作与功能。移动端的侧边栏导航可以通过点击左上角的图标按钮弹出，如图4-29所示，弹出效果可分为全侧边和半侧边。PC端的侧边栏导航可折叠，折叠后侧边栏导航多数以按钮的形式显示，单击即可显示全部选项，如图4-30所示。

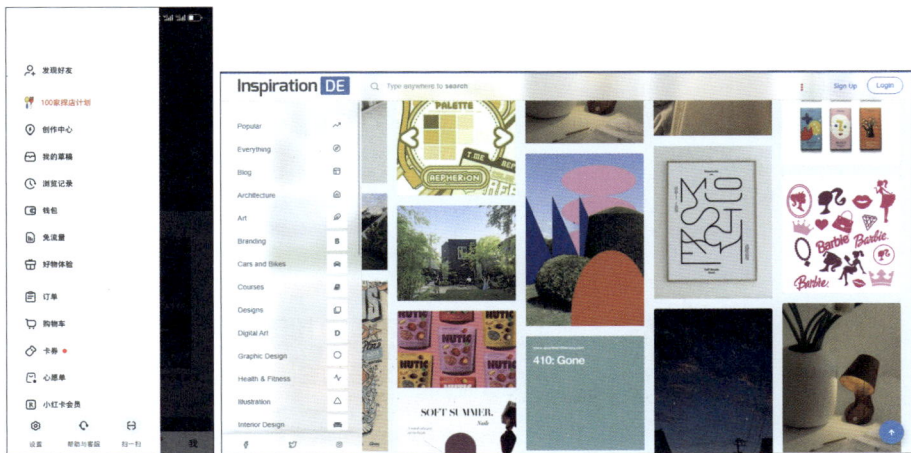

图4-29　　　　　　　　　　　图4-30

4. 宫格导航

宫格导航又称桌面导航，它将主要入口全部聚合在主界面上，每个宫格相互独立，彼此的信息无交集，无法跳转与互通，如图4-31、图4-32所示。

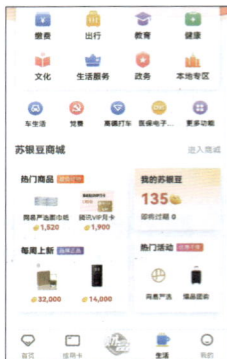

图4-31　　　　　图4-32

5．列表导航

列表导航和宫格导航类似，是承载信息的重要模式，可细分为标题式列表、内容式列表以及嵌入式列表。

- 标题式列表：一般只显示一行文字，部分会添加图标，如图4-33所示。
- 内容式列表：以内容为主，在列表中会体现出部分内容信息，点击可获得内容详情。
- 嵌入式列表：由多个列表层级组合而成的导航，如图4-34所示。

图4-33　　　　　图4-34

6．下拉式导航

下拉式导航的作用和侧边栏导航的作用相同。它一般存在于界面顶部，单击它即可弹出菜单，可快速访问目标界面，如图4-35所示。

图4-35

4.4.3 导航栏的样式

导航栏的样式可以根据界面的风格和作用进行设计，常见的导航栏样式有常规导航栏、大标题导航栏、搜索框导航栏、标签/分段导航栏、用户图像导航栏、通栏导航栏及分割线导航栏。

● 常规导航栏：该样式由按钮、图标、标题组成，背景多为白色或主体色，主要作用是提供层级指引及相关操作，如图4-36所示。

● 大标题导航栏：该样式给人一种通透的空间感，整体风格较为大气，适用于新闻资讯、社交以及较为单一的工具型界面，如图4-37所示。

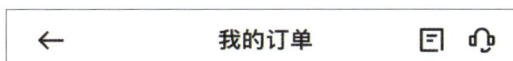

图4-36

图4-37

● 搜索框导航栏：该样式在常规导航栏的基础上添加一个搜索框代替标题。在摆放图标时，多采用左右间距等分的方式，即图标距离搜索框的间距与边距相等；或者直接用搜索框显示，如图4-38所示。

图4-38

● 标签/分段导航栏：该样式可细分为标签导航和分段控件。标签导航较为灵活，可通过在屏幕上左右滑动查看所有分类内容，如图4-39所示。分段控件通常包含2~4个标签，点击即可切换内容，如图4-40所示。

图4-39

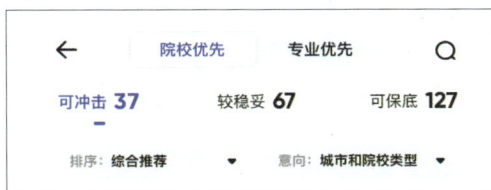

图4-40

● 用户图像导航栏：该样式会在界面左侧或右侧放置用户头像，如图4-41所示。使用该样式可以方便随时调用用户信息，点击头像后进入个人设置页面、个人主页等。

图4-41

● 通栏导航栏：该样式在视觉层没有容器，可以与背景/图片融为一体，可有效降低导航栏与内容区域的割裂感，如图4-42所示。上滑界面会逐渐恢复至常规样式，如图4-43所示。

图4-42

图4-43

● 分割线导航栏：该样式可以以线、面、投影、色块、留白、色彩差异或模糊的形式分割导航栏与内容区域，避免用户在界面上下滑动或交互后重复扫视顶部位置，如图4-44、图4-45所示。

图4-44　　　　　　　图4-45

实战演练：制作搜索框导航栏

微课视频

实战目标

本实战将使用圆角矩形工具、椭圆工具、直线段工具、弧线段工具、文字工具以及矩形工具等制作App首页中的搜索框导航栏。

资源位置

素材\第4章\实战演练\搜索框导航栏。

步骤01　启动Illustrator，单击"新建"按钮，在弹出的"新建文档"对话框中新建750px×88px的文档，效果如图4-46所示。

图4-46

步骤02　选择"圆角矩形工具"，绘制高为56px、宽为564px的全圆角矩形，设置填充颜色（R为244、G为244、B为244）和描边参数（0.25pt，R为179、G为179、B为179），效果如图4-47所示。

图4-47

步骤03　选择"椭圆工具"，绘制高、宽均为22px的正圆，设置填充颜色为"无" ，设置描边参数（9pt，R为179、G为179、B为179），效果如图4-48所示。

步骤04　选择"直线段工具"，绘制直线段，设置填充颜色为"无" ，设置描边参数（9pt，R为179、G为179、B为179），效果如图4-49所示。

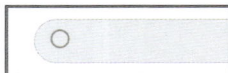 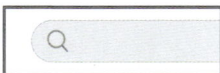

图4-48　　　　　　图4-49

步骤05　单击"描边" 描边 按钮，在弹出的下拉列表中设置圆头端点和圆角连接，如图4-50所示，效果如图4-51所示。

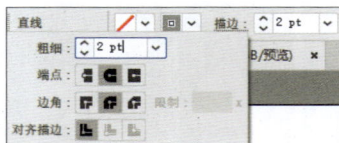 

图4-50　　　　　　　图4-51

步骤06　选择"弧线段工具"，绘制弧线段路径，更改路径粗细为1.5pt，效果如图4-52所示。

步骤07　选中搜索图标，按Ctrl+G组合键编组，如图4-53所示。

图4-52　　　　　　　　图4-53

步骤08　按住Alt键加选圆角矩形，释放鼠标，单击圆角矩形，在"对齐"面板（见图4-54）中单击"垂直居中对齐" ⊞ 按钮。

步骤09　选中搜索图标，按Ctrl+G组合键编组，效果如图4-55所示。

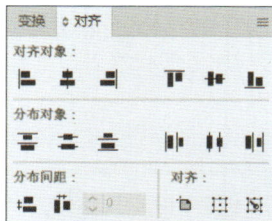

图4-54　　　　　　　　　图4-55

步骤10　选择"文字工具"，输入文字，在"字符"面板中设置参数，如图4-56所示。

步骤11　调整文字位置，使其垂直居中对齐，效果如图4-57所示。

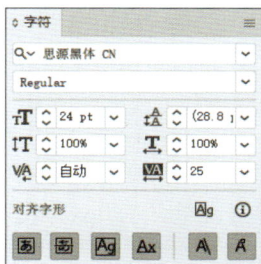

图4-56　　　　　　　　　图4-57

步骤12　选择"圆角矩形工具"，绘制高为46px、宽为114px的全圆角矩形，设置填充颜色（R为247、G为147、B为30），设置为垂直居中对齐，效果如图4-58所示。

图4-58

步骤13　选择"文字工具"，输入文字，在"字符"面板中设置字重为"Medium"，颜色为白色，调整文字位置，使其水平、垂直居中对齐，效果如图4-59所示。

图4-59

步骤14　选择"矩形工具"，绘制矩形，设置填充任意颜色，效果如图4-60所示。

步骤15　选择"旋转工具"，在弹出的对话框中设置旋转角度为90°，单击"复制"按钮，绘制出加号形状，效果如图4-61所示。

图4-60　　　　　　　　　图4-61

步骤16 选中两个矩形，在"路径查找器"面板（见图4-62）中单击"联集" ■ 按钮。

步骤17 在"对齐"面板中单击"垂直居中对齐" ■ 按钮，效果如图4-63所示。

图4-62

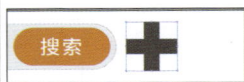

图4-63

步骤18 选择"圆角矩形工具"，绘制高、宽均为44px，圆角半径为6px的圆角矩形，设置填充颜色（R为247、G为147、B为30），圆角矩形与加号形状水平、垂直居中对齐，效果如图4-64所示。

步骤19 使用剪刀工具在重叠的边缘处单击以切断路径，如图4-65所示。

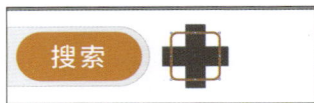

图4-64

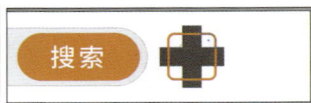

图4-65

步骤20 删除加号形状和被切断的路径，效果如图4-66所示。

步骤21 选择"直线段工具"，绘制直线段，效果如图4-67所示。

图4-66

图4-67

步骤22 选中路径，按Ctrl+G组合键编组，调整宽、高均为30px，效果如图4-68所示。

图4-68

步骤23 选择"椭圆工具"，绘制宽为34px、高为30px的椭圆，描边设置为2pt，效果如图4-69所示。

步骤24 选择"钢笔工具"，绘制路径，效果如图4-70所示。

步骤25 单击"描边"按钮，设置边角为圆角连接，效果如图4-71所示。

图4-69

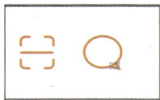

图4-70

图4-71

步骤26 框选椭圆和路径，在"路径查找器"面板中单击"联集" ■ 按钮，效果如图4-72所示。

步骤27 选择"椭圆工具"绘制椭圆，按住Alt键移动复制，选择两个椭圆并编组，使其水平居中对齐，效果如图4-73所示。

步骤28 更改填充和描边颜色（R为51、G为51、B为51），效果如图4-74所示。

图4-72

图4-73

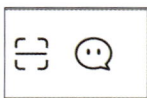

图4-74

步骤29　选择"圆角矩形工具"绘制宽为24px、高为14px、圆角半径为5px的圆角矩形，设置填充颜色（R为247、G为147、B为30），效果如图4-75所示。

步骤30　选择"文字工具"输入文字，字号设置为小12pt，效果如图4-76所示。

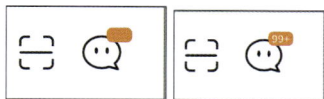

图4-75　　　　图4-76

步骤31　框选全部元素，按Ctrl+G组合键编组，在"对齐"面板中单击"水平居中对齐" 按钮，最终效果如图4-77所示。

图4-77

课后练习：制作新拟态圆形图标

练习目标

本练习将使用椭圆工具、"外观"面板、变换效果、高斯模糊效果、路径查找器、扩展、填充、描边等制作新拟态圆形图标，如图4-78所示。

资源位置

素材\第4章\课后练习\制作新拟态圆形图标。

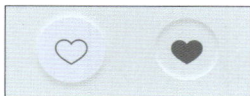

图4-78

操作提示如下。

步骤01　绘制圆形，填充与背景相同的颜色，在"外观"面板中添加新填充颜色，设置变换效果、高斯模糊效果及不透明度参数，效果如图4-79所示。

步骤02　复制填色参数，改用深一点的颜色和相反的变换角度，效果如图4-80所示。

步骤03　绘制两个大小相同的正圆，通过布尔运算生成月牙形状，复制后垂直翻转并更改月牙形状的颜色，移动位置，使其水平居中对齐，效果如图4-81所示。

图4-79　　　图4-80　　　图4-81

步骤04　将两个月牙形状高斯模糊后调整它们的不透明度，绘制正圆并创建剪贴蒙版，效果如图4-82所示。

步骤05　使用路径工具绘制两个心形状，一个描边、一个填充，分别放置在两个正圆中，并使其在视觉上居中对齐，效果如图4-83所示。

图4-82　　　　　图4-83

知识拓展

Q1：组件和控件的区别是什么？

A：组件和控件都是用来承接交互动作的载体。组件是指可重复使用并且可以和其他对象进行交互的对象。控件是能够提供UI接口功能的组件。

Q2：导航栏的设计层次是怎样的？

A：导航栏一般分为主导航和二级导航。

● 主导航：从一个主类别切换到另一个主类别的一级菜单，可以帮助用户完成目标操作，如图4-84所示。

● 二级导航：选中模块内活动的导航，在标明当前位置的同时，可以提供全局性操作，至少包含3层信息结构，如图4-85所示。

图4-84

图4-85

Q3：导航栏中的搜索框的样式有哪些？

A：在导航栏中，搜索框是必不可少的，搜索框常见的5种样式如下。

● 隐藏式搜索框：只提供一个放大镜形状搜索图标 Q ，如图4-86所示。单击图标即可跳转至搜索界面，如图4-87所示。

图4-86

图4-87

● 普通搜索框：固定在界面顶部，方便用户查找相关功能/内容。

● 有提示搜索框：在这种样式的搜索框中有提示语，在电商平台上较为常见，用户可以根据提示语进行搜索，因此这种形式的搜索框具有引导性，如图4-88、图4-89所示。

图4-88

图4-89

● 带语音搜索框：带有语音识别功能的搜索框，直接使用语音输入即可进行搜索，如图4-90所示。

● 精准分类搜索框：如图4-91所示，可以先选择类别，再在搜索框中输入关键词搜索分类内容，例如常见的地域位置搜索。

图4-90

图4-91

第 **5** 章

UI 中的
图标设计

图标是具有高度概括性的图形化标识，具有广义和狭义两种概念：广义的图标是指在现实生活中有明确指代含义的图形符号，狭义的图标则是指计算机等设备中的图形符号。UI设计中的图标主要指狭义的图标。

5.1 认识图标

图标是UI中重要的设计模块，几乎每一个界面中都有图标的存在，可以通过单击或双击图标快速执行命令或打开程序软件。图5-1、图5-2所示分别为移动端和PC端界面图标。在图标设计上需要做到风格一致、视觉中心一致、粗细一致、构图一致、像素对齐等。

图5-1   图5-2

5.1.1 图标的组成

图标主要由线、面、颜色、文字等元素组成，这些元素可以组合成不同的图标类型，例如线性图标、面性图标、线面结合图标。

1. 线性图标

线性图标是基于线的粗细、颜色、圆角等基础属性而形成的图标，可细分为单色、双色、渐变色、透明度/叠加、断点这5种类型，如图5-3所示。

图5-3

2. 面性图标

面性图标是对内容区域进行了色彩填充的图标。相较于线性图标，面性图标更能表达出图标的力量感和重量感，在一定程度上可以吸引用户的注意力。通过不同的色彩填充、切割方法可以设计出不同设计风格的面性图标。面性图标可细分为单色、多色、渐变色、透明度/叠加这4种类型，如图5-4所示。

图5-4

3. 线面结合图标

线面结合图标既有线性轮廓，又有填充色块。相较于线性图标和面性图标，线面结合图标更加注重细节和趣味性。线面结合图标可细分为单色、多色、渐变色、透明度/叠加这4种类型，如图5-5所示。

图5-5

5.1.2 图标的类型

图标按照应用类型大致可以分为三大类：功能图标、装饰图标以及应用图标。

1. 功能图标

功能图标是具有明确功能、提示含义的图标，也被称为工具图标，其作用是替代文字或者辅助文字来指导用户的行为。功能图标要做到比文字更加直观、易懂易记，符合用户的认知习惯，这样有助于提高产品的易用性。图5-6、图5-7所示分别为移动端和PC端的功能图标。

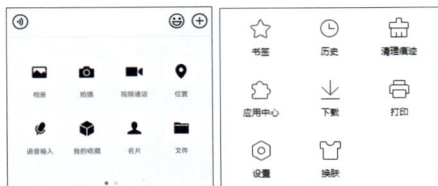

图5-6 图5-7

2. 装饰图标

装饰图标以装饰和解释说明为主，其主要作用是使界面在视觉上整齐，观赏性更强，从而使品牌氛围感更强。图5-8、图5-9所示分别为移动端和PC端的装饰图标。

图5-8 图5-9

应用秘技

在节日或平台推出营销活动期间，各大软件会推出相应的具有主题氛围感的图标，如图5-10、图5-11所示。这种图标一方面可以突出节日氛围，另一方面可以给用户带来视觉新鲜感。

图5-10 图5-11

3. 应用图标

应用图标也称为启动图标，分布在主屏幕、应用市场、设置等场景中，单击应用图标即可进入应用。图5-12、图5-13所示分别为移动端和PC端应用商店中的图标显示。

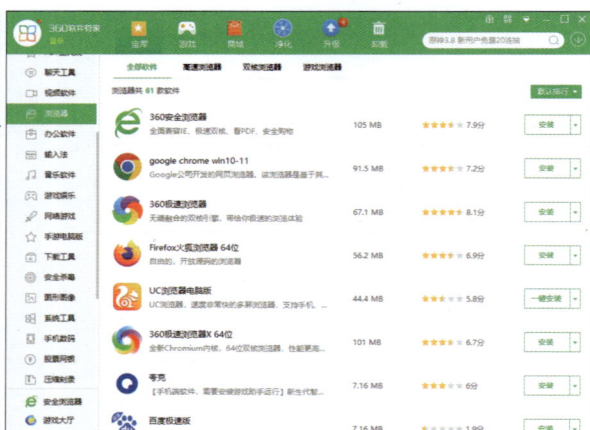

图5-12   图5-13

5.1.3   图标的风格

基于线性图标、面性图标、线面结合图标，通过创新，可以设计出不同风格的图标。图标的风格包括扁平、卡通、毛玻璃、2.5D、新拟态、轻质感、拟物写实、实物贴图等。

1. 扁平

扁平风格的图标在设计上较为单一。这种图标摒弃渐变、高光、浮雕等视觉效果，主要通过形状描边、填充进行各种组合与搭配，如图5-14所示。

图5-14

2. 卡通

卡通风格的图标具有很强的亲和力，视觉效果突出，常用于二次元等产品中，如图5-15所示。这种图标还可以用作空状态的插画。

图5-15

3. 毛玻璃

毛玻璃风格的图标层次丰富、轻盈且通透感强，应用场景广泛。这种图标在设计上主要通过元素叠加、背景虚化的方式形成毛玻璃的模糊质感，如图5-16所示。

图5-16

4. 2.5D

2.5D风格也称为等轴侧风格。2.5D风格的图标在设计上主要通过轴侧拉伸的设计手法进行立体化表现，如图5-17所示。

图5-17

5. 新拟态

新拟态风格的图标主要利用光影原理融合背景形成一种立体效果，在应用场景上比较受限，背景颜色以灰色居多，如图5-18所示。

图5-18

6. 轻质感

轻质感风格的图标给人年轻、轻盈、精致的感觉，主要通过各种色彩渐变、发光、投影等设计手法来增强图标的层次感和饱和度，如图5-19所示。

图5-19

7. 拟物写实

拟物写实风格的图标可以很真实地描绘事物细节，通过将高光、纹理、材料、阴影等效果叠加在物体上形成图标，辨识度极高，常用于营销类和游戏类界面设计中，如图5-20所示。

图5-20

8. 实物贴图

实物贴图风格的图标的主图主要用具体的物品表示，例如服装、食物、汽车装饰等，简单易懂，更加贴合产品业务，如图5-21所示。

图5-21

5.2　图标的设计规范

在图标设计中，图标的视觉尺寸要保持一致，就需要使用图标栅格系统。常用的栅格系统尺寸为16、24、36、48、64、128、512、1024。这些尺寸不是固定的，具体可根据需求进行设计。以48px×48px（@2x）为例，四周内出血4px，安全区域则为40px×40px，如图5-22所示。

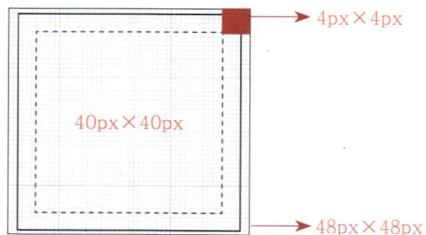

图5-22

　　图标的形状可分为圆形、正方形、竖版长方形和横版长方形。其中，圆形的视觉张力较小，可以撑满整个安全区域，尺寸为40px×40px，如图5-23所示；正方形的视觉张力较大，可以适当缩小，尺寸为36px×36px，如图5-24所示；竖版长方形一般上下撑满，左右留间距，尺寸为32px×40px，如图5-25所示；横版长方形则左右撑满，上下留间距，尺寸为40px×32px，如图5-26所示。

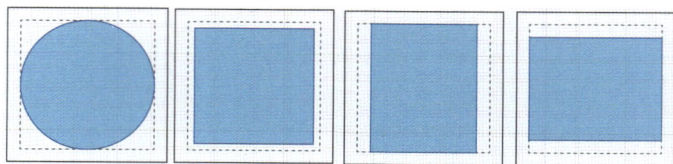

图5-23　　　　　　图5-24　　　　　　图5-25　　　　　　图5-26

　　在设计图标时，要注意图标线条宽度的一致性。通常，图标线条宽度为2pt，端点为圆头端点，倾斜角度为45°的倍数，如图5-27所示。

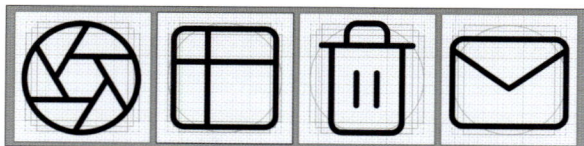

图5-27

　　iOS图标具有专属的栅格系统，是严格按照黄金分割比例进行设计的，如图5-28所示。

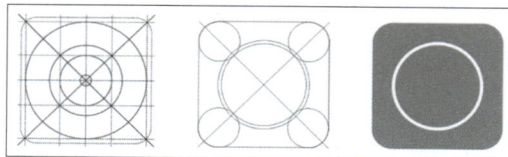

图5-28

　　为了规范iOS图标的绘制，保证整套图标在视觉占比上达到相对的平衡，需要借助iOS图标的栅格系统，如图5-29所示。

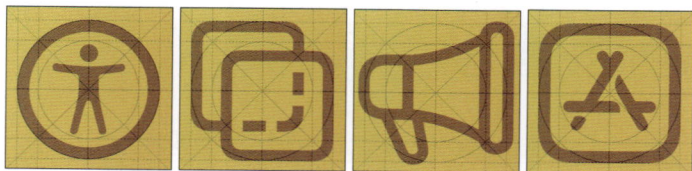

图5-29

应用秘技

　　iOS中图标设计一般以4的倍数作为设计标准，最小点击面积为44pt；Android则以8的倍数作为设计标准，最小操作热区为48dp。另外，@2x下作图要保证是4的倍数，这样可以整除2，适配@1x的屏幕；@3x下作图就需要是12的倍数，可以整除2、3、4，适配@1x和@2x的屏幕。

5.2.1　iOS图标设计规范

　　iOS作为一个闭源的移动操作系统，在图标设计上有着严格的、体系化的设计规范。iOS图标包括应用图标和系统（功能）图标，如图5-30所示。

图5-30

　　在设计iOS应用图标时，只需要提供一个1024px×1024px的大尺寸版本App Store图标，以便在App Store上使用，同时可以让系统将大尺寸图标自动缩小并生成其他尺寸的图标，如图5-31所示。

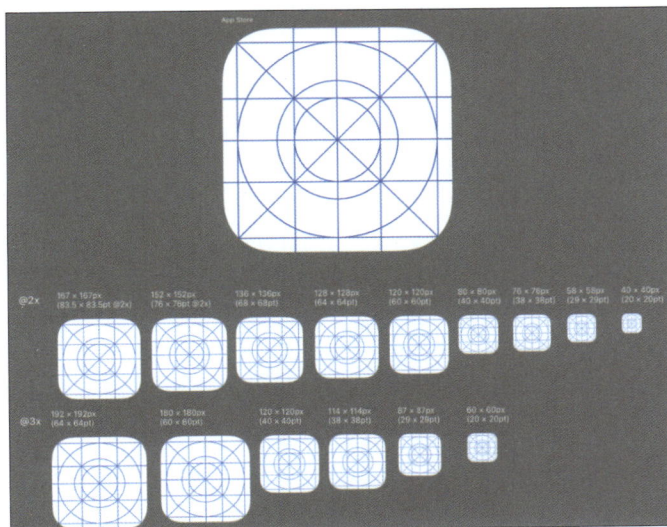

图5-31

若要自定义该图标在特定尺寸下的外观，可以提供多个版本的图标。图标用途和具体的尺寸倍率如表5-1所示。

表5-1

用途	@2x（px）	@3x（px）
iPhone的主屏幕	120×120	180×180
iPad Pro的主屏幕	167×167	
iPad、iPad mini的主屏幕	152×152	
iPhone、iPad Pro、iPad、iPad mini的"聚焦"	80×80	120×120
iPhone、iPad Pro、iPad、iPad mini的"设置"	58×58	87×87
iPhone、iPad Pro、iPad、iPad mini的"通知"	76×76	114×114

除了尺寸外，iOS中所有的应用图标设计应遵循以下规范：

- 使用PNG格式；
- 使用sRGB（颜色）、灰度系数为2.2（灰度）、Display P3（广色域）；
- 没有透明的扁平化；
- 没有圆角的正方形。

iOS系统图标主要是指导航栏、工具栏以及标签栏的图标，其中导航栏和工具栏两处的图标尺寸一致，分别为48px×48px（@2x）和72px×72px（@3x）。标签栏根据图标的形状和数量，可分为常规标签栏和紧凑型标签栏。在宽度平分的情况下，标签栏的图标尺寸可设置为60px×60px。可以创建不同形状的标签栏的图标，包括圆形、正方形、横版长方形、竖版长方形，其尺寸详情见表5-2。

表5-2

图标形状	常规标签栏（px）	紧凑型标签栏（px）
	50×50（@2x） 72×75（@3x）	36×36（@2x） 54×54（@3x）
	46×46（@2x） 69×69（@3x）	34×34（@2x） 51×51（@3x）
	62（@2x） 93（@3x）	46（@2x） 69（@3x）
	56（@2x） 84（@3x）	40（@2x） 60（@3x）

另外，需要注意的是，iOS定义的图标尺寸不是最终尺寸。定义针对不同形状的参考尺寸的目的是让图标的视觉大小相同。

5.2.2 Android图标设计规范

Android是谷歌发布的基于Linux平台的开源操作系统。该系统由操作系统、中间件、UI和应用软件组成。市面上运用Android的手机有vivo、小米、OPPO等。图5-32所示分别为vivo应用图标界面、vivo系统图标界面、小米应用图标界面以及OPPO应用图标界面。

图5-32

不同设备的屏幕分辨率适配不同尺寸的图标，详情如表5-3所示。

表5-3

类型	mdpi	hdpi	xhdpi	xxhdpi	xxxhdpi
应用图标	48px×48px	72px×72px	96px×96px	114px×114px	192px×192px
状态栏图标	24px×24px	36px×36px	48px×48px	72px×72px	96px×96px
导航栏图标	32px×32px	48px×48px	64px×64px	96px×96px	128px×128px
标签栏图标	32px×32px	48px×48px	64px×64px	96px×96px	128px×128px
最细图标	不小于2px	不小于3px	不小于4px	不小于6px	不小于8px

应用秘技

单位换算方式为1pt=2px=1dp。pt是iOS单位点的英文（Point）的缩写。点与屏幕分辨率无关，根据屏幕的像素密度，一个点可以有多个像素。在标准Retina显示屏上，1pt有2×2个像素。px是分辨率单位像素的英文（Pixel）的缩写。dp则是Android开发的基本单位，等同于pt。

可以用图标图片填充整个素材的资源空间，也可以将其放置到框线网格上，如图5-33所示。放置图片时，可以以框线作为参考，但这不是硬性规定。

图5-33

在Google Play上指明创建应用图标时，应遵循以下规范。

- 最终尺寸：512px×512px。
- 格式：32位PNG。
- 颜色空间：sRGB。
- 最大文件大小：1024KB。
- 形状：正方形。
- 阴影：无。

素材上传至Google Play后，平台会自动添加圆角遮盖和阴影，以保持应用图标/游戏图标设计的统一性，如图5-34所示。

图5-34

应用秘技

Android 8.0[API（Application Program Interface，应用程序接口）级别 26]引入了自适应应用图标，可以在不同型号的设备上显示各种形状，如图5-35所示。

图5-35

5.3 手机主题图标设计

主题是一组样式或属性（例如颜色、类型和形状等）的集合，可以影响用户的移动设备或大屏幕设备及应用内的外观和风格。主题是基于系统或应用的。系统主题可以影响用户的整个设备界面，并在设备设置中提供相应的控件；而应用主题仅影响已使用该主题的应用，如图5-36所示。

图5-36

手机主题分为全局主题和桌面主题，也可分别称为大主题和小主题。这两种主题的主要差别在于，全局主题覆盖的应用范围比桌面主题广，应用层级更深，可以给用户带来沉浸式个性体验。

● **全局主题**：包含解锁、桌面电话、联系人、短信、通知中心页等页面以及壁纸、图标、全局设置的主题，涵盖了每个模块3级以内的所有页面内容，图片和颜色都可以进行更改。

● **桌面主题**：相较于全局主题，桌面主题的覆盖范围相对较小。它同样包含解锁、桌面电话、联系人、短信、通知中心页等页面以及壁纸、图标、全局设置的主题，但通常仅允许用户更改桌面和锁屏模块的相关内容，其他模块则可能保持默认设置或无法进行更改。

按照App的来源，图标可分为系统图标和第三方图标。

● **系统图标**：平台官方的App图标，例如浏览器、计算机、日历、相机等图标。图5-37所示为OPPO官方的部分系统图标。

图5-37

● **第三方图标**：第三方应用的图标，例如QQ、抖音、腾讯视频、微信、淘宝等的图标，如图5-38所示。

图5-38

图标的设计原则如下：

● PNG格式图片，尺寸为150px×150px～240px×240px；

● 需要按照官方文档中的命名规范为图标文件命名；

● 图标的风格与主题的风格一致；

● 图标大小、风格保持一致，如图5-39所示；

● 图标要便于识别、易于操作，如图5-40所示。

图5-39　　　　图5-40

如何成为一位手机主题设计师呢？

首先确定主题制作的平台，以OPPO为例，在浏览器中搜索并进入OPPO官网，在网页页脚的"商务合作"选项中找到并单击"开放平台"，进入OPPO开放平台，在其中找到主题商店，单击"申请入驻"，如图5-41所示。在弹出的页面中注册账号，完成开发者认证（可选择个人或企业开发者认证）。认证完成，根据官方提供的实际模板，进行主题设计。设计完成，按照规定的命名方式导出切图文件，与颜色设置等内容一起上传至OPPO的在线主题编辑器中。上传完成，导出一个以".theme"结尾的主题包，自检完成便可上传至开放平台，通过官方审核即可上架。

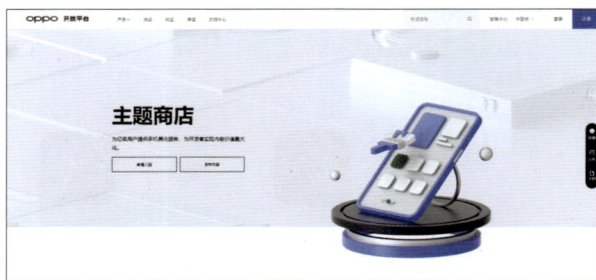

图5-41

实战演练：制作多媒体音乐功能图标

实战目标

本实战将借助参考线和网格，使用圆角矩形工具、椭圆工具、直线段工具、剪刀工具以及路径查找器等制作多媒体音乐功能图标，包括电台图标、播放进度图标、录音图标、添加音乐图标、关注图标、耳机声音图标以及静音和声音图标。

资源位置

素材\第5章\实战演练\多媒体音乐功能图标。

1. 绘制图标栅格系统

微课视频

步骤01 启动Illustrator，单击"新建"按钮，在弹出的"新建文档"对话框中新建文档，如图5-42所示。

步骤02 选择"画板工具"，在控制栏中单击"全部重新排列"按钮，在弹出的对话框中设置画板的列数为4，间距为20px，效果如图5-43所示。

图5-42　　　　　　　　　　　　　　图5-43

步骤03 按Ctrl+K组合键，在弹出的"首选项"对话框中选择"参考线和网格"选项，设置网格线间隔为24px，次分隔线为24，如图5-44所示。

步骤04 按Ctrl+'组合键显示网格，效果如图5-45所示。

 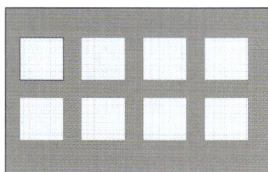

图5-44   图5-45

步骤05 在画板1中，选择"矩形工具"，创建40px×40px的矩形，在控制栏中设置参数，如图5-46所示。

步骤06 选择虚线矩形，在控制栏中分别单击"水平居中对齐" ▦ 按钮和"垂直居中对齐" ▦ 按钮，如图5-47所示。

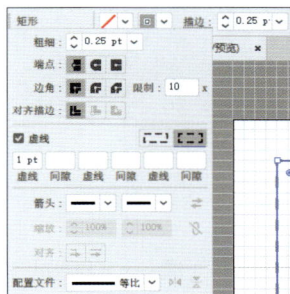 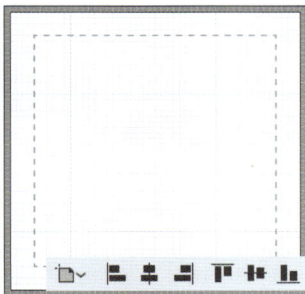

图5-46   图5-47

步骤07 选择"椭圆工具"，创建40px×40px的圆形，在控制栏中单击"描边"按钮，在弹出的下拉列表中取消勾选"虚线"复选框，并使其水平、垂直居中对齐，效果如图5-48所示。

步骤08 选择"矩形工具"，分别绘制36px×36px、32px×40px、40px×32px的矩形，在控制栏中分别单击"水平居中对齐" ▦ 按钮和"垂直居中对齐" ▦ 按钮，效果如图5-49所示。

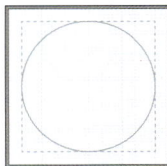 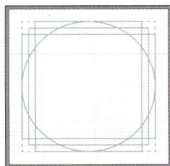

图5-48   图5-49

步骤09 选择所有形状，按Ctrl+G组合键编组，设置不透明度为50%，效果如图5-50所示。

步骤10 按Ctrl+C组合键复制组，在"图层"面板中新建图层2，按Ctrl+V组合键粘贴组，使其水平、垂直居中对齐，效果如图5-51所示。

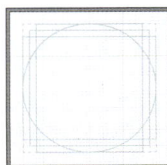 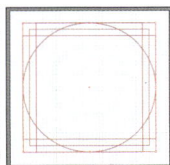

图5-50   图5-51

步骤11 使用相同的方法，在剩余的画板中新建图层、粘贴组后，调整其居中对齐方式。"图层"面板中的图层如图5-52所示。

步骤12 按Ctrl+A组合键全选图层，按Ctrl+2组合键锁定图层，如图5-53所示。

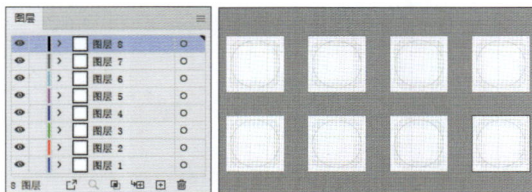

图5-52　　　　　　图5-53

应用秘技

在设计前，按Ctrl+R组合键显示标尺，按住鼠标左键从标尺的左上角拖曳至画板左上角，调整原点位置，使画板左端点的坐标为(0，0)。原点调整前后效果分别如图5-54、图5-55所示。

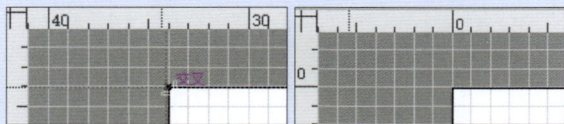

图5-54　　　　　　图5-55

2. 绘制电台图标

步骤01 选择画板1和图层1，选择"椭圆工具"，创建8px×8px的正圆，描边设置为2pt，在"属性"面板中调整X、Y值，如图5-56所示，效果如图5-57所示。

步骤02 创建22px×22px的正圆，以小圆为对齐对象，水平、垂直居中对齐，效果如图5-58所示。

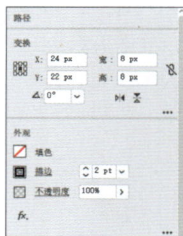 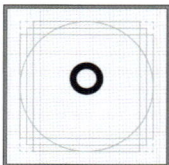 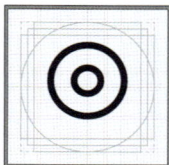

微课视频

图5-56　　　图5-57　　　图5-58

步骤03 继续创建36px×36px的正圆，以小圆为对齐对象，水平、垂直居中对齐，效果如图5-59所示。

步骤04 选择"直线段工具"，创建15px、描边粗细为0.5pt的浅灰线段，设置X值为24px、Y值为22px，效果如图5-60所示。

 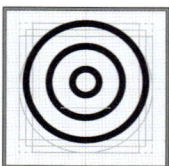

图5-59　　　图5-60

步骤05 选择中间的圆，使用剪刀工具在与浅灰线段相交的位置单击以切断路径，如图5-61所示。

步骤06 删除路径，在控制栏中设置描边的端点为圆形端点，效果如图5-62所示。

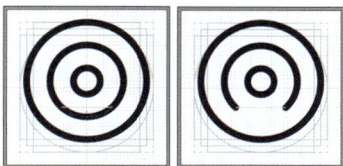

图5-61　　　图5-62

步骤07 复制线段，并向下移动至外部的圆上，在"属性"面板中更改参数，如图5-63所示。

步骤08 选择外部的圆，使用剪刀工具在与线段相交的位置单击，切断路径并删除路径和线段，设置描边的端点为圆形端点，效果如图5-64所示。

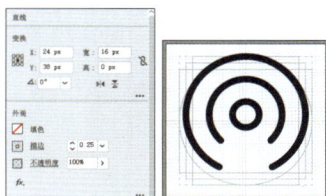

图5-63　　　图5-64

步骤09 选择"矩形工具"，创建6px×13px的矩形，选择"直接选择工具"，框选矩形下方的两个锚点，按S键向内拖曳锚点，效果如图5-65所示。

步骤10 调整圆角半径，效果如图5-66所示。

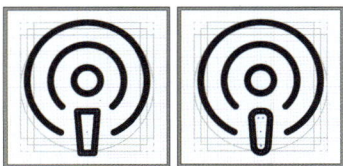

图5-65　　　图5-66

步骤11 使用平滑工具，在矩形上方的锚点处涂抹，效果如图5-67所示。

步骤12 按住Shift键加选内部圆形，设置填充颜色（R为255、G为128、B为144），效果如图5-68所示。选择画板内的所有元素，按Ctrl+G组合键编组。

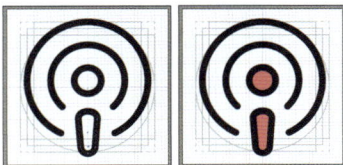

图5-67　　　图5-68

3. 绘制播放进度图标

步骤01 选择画板2和图层2，选择"矩形工具"，创建40px×26px的矩形，效果如图5-69所示。

步骤02 继续创建6px×8px的矩形，以大矩形为对齐对象，水平、垂直居中对齐，效果如图5-70所示。

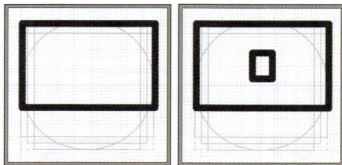

图5-69　　　　图5-70

步骤03　选择"直接选择工具"，框选小矩形右侧的两个锚点，按S键向内拖曳锚点至中点，若出现锚点偏差情况，可单击锚点进行调整，如图5-71、图5-72所示。

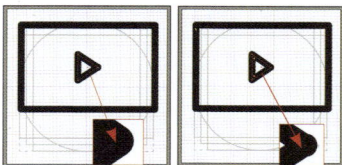

图5-71　　　　图5-72

步骤04　选择"直线段工具"，创建36px的直线段，效果如图5-73所示。

步骤05　选择"椭圆工具"，创建6px×6px的正圆，将该正圆移动至合适位置，效果如图5-74所示。

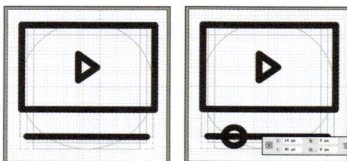

图5-73　　　　图5-74

步骤06　选择直线段，使用剪刀工具在与正圆重叠的位置单击，切断并删除路径，效果如图5-75所示。

步骤07　选择大矩形并为其填充颜色，效果如图5-76所示。选择画板内的所有元素，按Ctrl+G组合键编组。

图5-75　　　　图5-76

4. 绘制录音图标

步骤01　选择画板3和图层3，选择"矩形工具"，创建14px×27px的矩形，效果如图5-77所示。

步骤02　调整圆角半径，效果如图5-78所示。

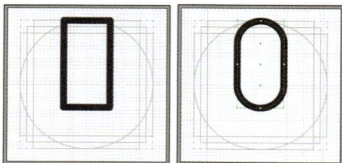

图5-77　　　　图5-78

步骤03　选择"椭圆工具"，创建30px×30px的正圆，效果如图5-79所示。

步骤04　使用直接选择工具选中上方的锚点，按Delete键删除，效果如图5-80所示。

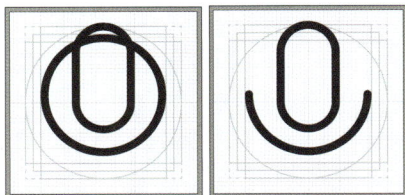

图5-79　　　　图5-80

步骤05　选择"直线段工具"，创建6px的竖线，效果如图5-81所示。

步骤06　选中圆角矩形更改填充颜色，效果如图5-82所示。选择画板内的所有元素，按Ctrl+G组合键编组。

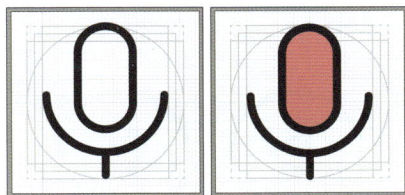

图5-81　　　　图5-82

5. 绘制添加音乐图标

步骤01　选择画板4和图层4，选择"椭圆工具"，创建40px×40px的圆形，水平、垂直居中对齐，如图5-83所示。

步骤02　选择圆形，使用剪刀工具分别在圆形右侧和底部的锚点处单击，效果如图5-84所示。

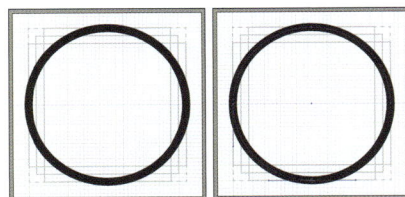

图5-83　　　　图5-84

步骤03　选择要被切掉的路径，按Delete键删除，效果如图5-85所示。

步骤04　复制画板2中的三角形，效果如图5-86所示。

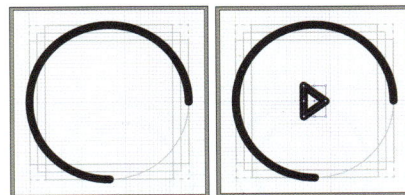

图5-85　　　　图5-86

步骤05　在"属性"面板中设置参数，如图5-87所示，效果如图5-88所示。

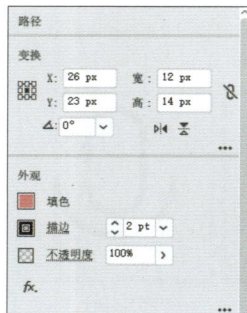
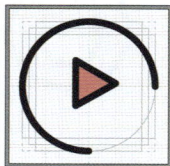

图5-87　　　　　图5-88

步骤06　选择"直线段工具"，创建10px的线段，效果如图5-89所示。

步骤07　单击"旋转工具"，在弹出的"旋转"对话框中设置旋转角度为90°，单击"复制"，选中两个线段，将它们移动至面板右下角，效果如图5-90所示。选择画板内的所有元素，按Ctrl+G组合键编组。

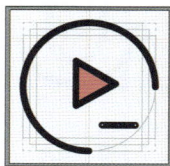
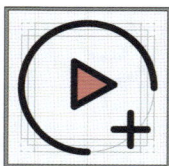

图5-89　　　　　图5-90

6. 绘制关注图标

步骤01　选择画板5和图层5，选择"直线段工具"，按住Shift键绘制对角线，并在控制栏中更改参数，如图5-91所示。

步骤02　单击"旋转工具"，在弹出的"旋转"对话框中设置旋转角度为90°，单击"复制"，选中两个线段，按Ctrl+2组合键锁定，效果如图5-92所示。

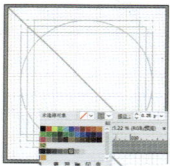
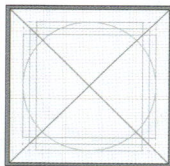

图5-91　　　　　图5-92

步骤03　选择"椭圆工具"，分别创建40px×40px、28px×28px的圆形，并使其水平、垂直居中对齐，效果如图5-93所示。

步骤04　选择内部圆形，使用剪刀工具在圆形与对角线重叠的位置单击以切断路径，如图5-94所示。

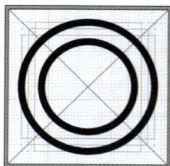
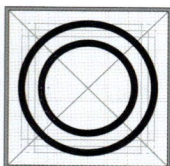

图5-93　　　　　图5-94

步骤05　删除上、下路径，效果如图5-95所示。

步骤06　选择外部圆形，执行上述相同的操作，效果如图5-96所示。

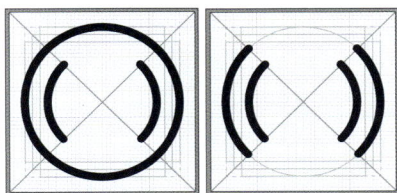

图5-95　　　　图5-96

步骤07　选择"矩形工具"，按住Shift键绘制正方形，单击工具栏中的 ⤵ 按钮互换填色和描边，旋转45°，效果如图5-97所示。

步骤08　使用直接选择工具选中顶部锚点，按Delete键删除，再次单击工具栏的 ⤵ 按钮互换填色和描边，效果如图5-98所示。

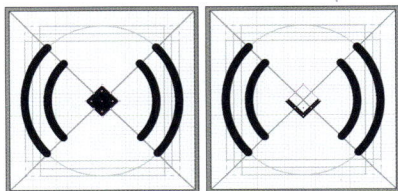

图5-97　　　　图5-98

步骤09　增加描边点数为10pt，将描边端点更改为圆角端点，效果如图5-99所示。

步骤10　使用直接选择工具选中顶部两个锚点，在控制栏中单击 ⌐ 将所选锚点转换为平滑，效果如图5-100所示。

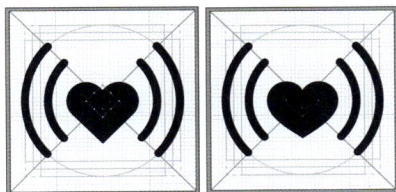

图5-99　　　　图5-100

步骤11　选择"对象>扩展"命令，效果如图5-101所示。

步骤12　单击工具栏的 ⤵ 按钮互换填色和描边，在控制栏中设置描边为2pt，端点为圆角端点，边角为圆角连接，效果如图5-102所示。

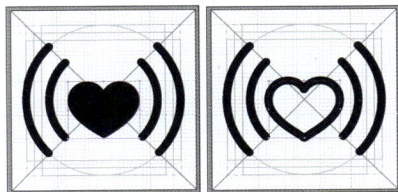

图5-101　　　　图5-102

步骤13　在"属性"面板中设置参数，如图5-103所示。

步骤14　设置水平、垂直居中对齐，效果如图5-104所示。选择画板内的所有元素，按Ctrl+G组合键编组。

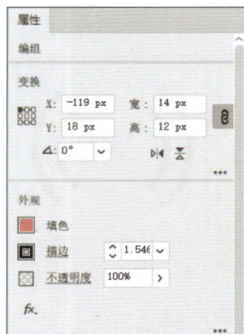

图5-103　　　　图5-104

7. 绘制耳机声音图标

步骤01　选择画板6和图层6，选择"矩形工具"，创建28px×26px的矩形，选择"直接选择工具"，按住Shift键选中矩形顶部两侧的圆角控制点，向内拖曳圆角控制点，效果如图5-105所示。

步骤02　选择"剪刀工具"，分别单击矩形底部的两个锚点，按Delete键删除路径，效果如图5-106所示。

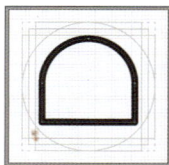
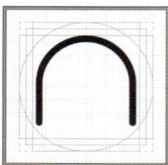

图5-105　　图5-106

步骤03　选择"直接选择工具"，按住Shift键选中左侧圆角控制点，调整边角半径为2px，效果如图5-107所示。

步骤04　按住Alt键移动复制圆角矩形至右侧，在"属性"面板中单击"水平翻转" ▷◁ 按钮，效果如图5-108所示。

图5-107　　图5-108

步骤05　框选圆角矩形和半椭圆路径，右击，在弹出的快捷菜单中选择"建立复合路径"，使用实时上色工具填充颜色，效果如图5-109所示。

步骤06　选择"钢笔工具"，绘制路径，效果如图5-110所示。选择画板内的所有元素，按Ctrl+G组合键编组。

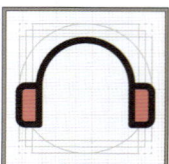
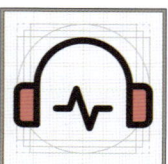

图5-109　　图5-110

8. 绘制静音和声音图标

步骤01　选择画板7和图层7，选择"椭圆工具"创建30px×36px的椭圆，效果如图5-111所示。

步骤02　选择"矩形工具"绘制矩形，效果如图5-112所示。

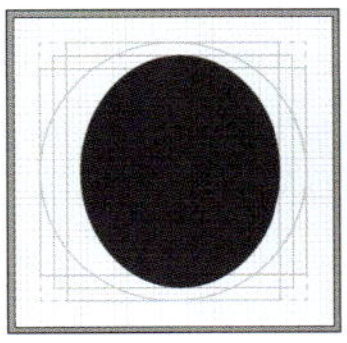

图5-111 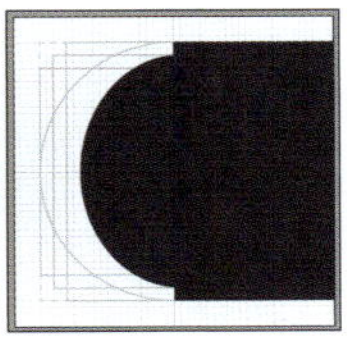　　　　图5-112

步骤03　在"路径查找器"中单击"减去顶层"按钮，效果如图5-113所示。

步骤04　选择"圆角矩形工具"，绘制10px×18px、圆角半径为2px的圆角矩形，效果如图5-114所示。

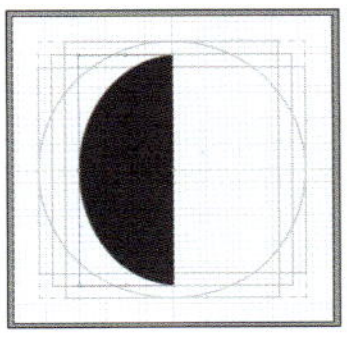

图5-113 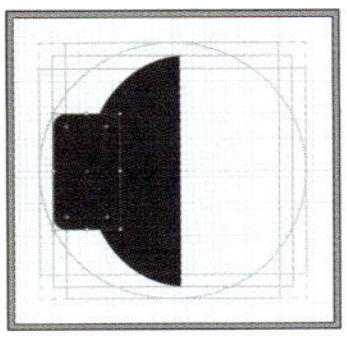　　　　图5-114

步骤05　选中两个形状，在"路径查找器"中单击"联集"按钮，效果如图5-115所示。

步骤06　单击工具栏的按钮互换填色和描边，设置描边为2pt，端点为圆角端点，边角为圆角连接，在"属性"面板中设置参数，如图5-116所示，效果如图5-117所示。

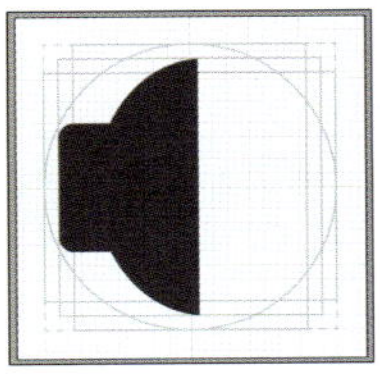

图5-115 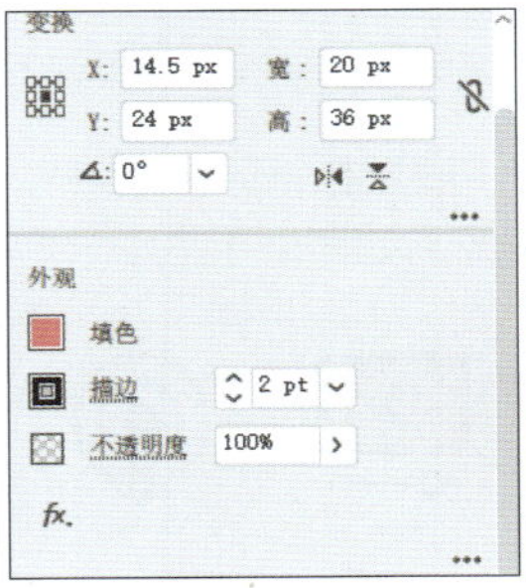　　　　图5-116 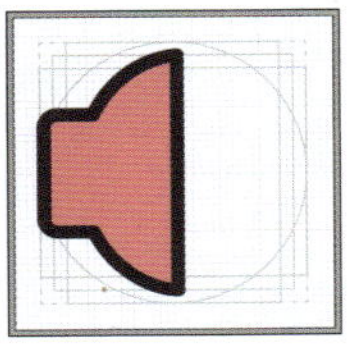　　　　图5-117

步骤07　复制画板4中的加号，并将其移动到合适位置，效果如图5-118所示。

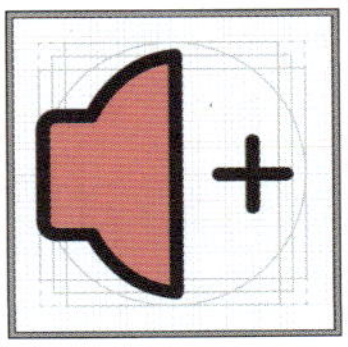

图5-118

步骤08　将加号旋转45°，效果如图5-119所示。

步骤09　更改描边颜色（R为213、G为213、B为213），效果如图5-120所示。选择画板内的所有元素，按Ctrl+G组合键编组。

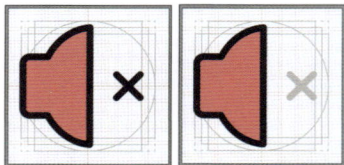

图5-119　　图5-120

步骤10　复制该组，选择画板8和图层8，按Ctrl+V组合键粘贴后取消编组，删除右侧形状，效果如图5-121所示。

步骤11　选择"椭圆工具"，绘制40px×40px的圆形，效果如图5-122所示。

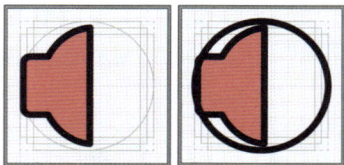

图5-121　　图5-122

步骤12　使用剪刀工具切断路径并删除，效果如图5-123所示。

步骤13　使用与步骤11和步骤12相同的方法制作内部弧线段，效果如图5-124所示。

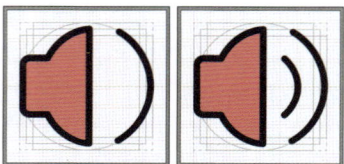

图5-123　　图5-124

步骤14　分别隐藏每个图层组中图层栅格系统所在子图层组，如图5-125所示。

步骤15　导出格式为PNG的图像，如图5-126所示。

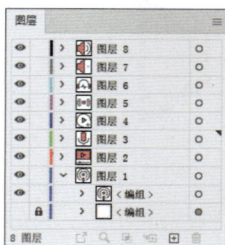 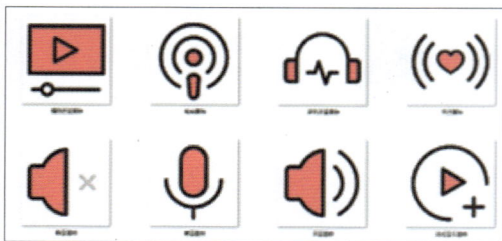

图5-125　　　　　　　　　图5-126

课后练习：制作扁平日历应用图标

练习目标

本练习将使用矩形工具、椭圆工具、"外观"面板、变换效果、高斯模糊效果、路径查找器、扩展、填充、描边等制作扁平日历应用图标，如图5-127所示。

资源位置

素材\第5章\课后练习\制作扁平日历应用图标。

图5-127

操作提示如下。

步骤01　选择"矩形工具"绘制矩形并调整圆角，效果如图5-128所示。

步骤02　选择"矩形工具"绘制日历主体，并填充两种颜色，效果如图5-129所示。

步骤03　选择"圆角矩形工具"绘制圆角矩形，复制左侧圆角矩形，改用浅一点的颜色进行正片叠底，效果如图5-130所示。

图5-128

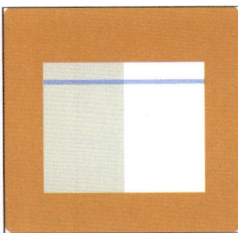

图5-129

图5-130

步骤04　选择"矩形工具"，绘制22个矩形，分为3组，每组各填充1种颜色，效果如图5-131所示。

步骤05　选中所有形状，创建"联集"效果，更改复制后创建混合，效果如图5-132所示。

步骤06　复制背景矩形创建剪贴蒙版，效果如图5-133所示。

图5-131

图5-132

图5-133

知识拓展

Q1：应用图标有哪些类型？

A：根据产品定位和用户人群，结合使用场景，应用图标的设计可以大致分为中英文和图形两类图标，这两类又可细分为以下几种，如图5-134所示。

图5-134

- 中文图标：提取品牌的关键字进行变形设计，可以最直观地传递产品信息，识别性强。常见的中文图标又可以细分为单字、多字、字加图形、字加英文这4种类型。
- 英文字母图标：提取品牌名称的首字母，融合产品的功能卖点或行业属性进行创建，以形成独有的产品简称，方便记忆。常见的英文字母图标有单字母、多字母、字母加图形组合这3种类型。
- 数字图标：数字具有识别性强、易于传播的特点，但因为很难和品牌形成关联性，所以该类型的图标较少。
- 几何形状图标：几何形状表现形式丰富，不同的几何形状能够给人不同的视觉感受。
- 线性图标：线框图形的设计传递出简洁、轻快的信息，适合文艺、清新的应用。
- 单/双形剪影图标：指应用图标只展示单个或两个的剪影图形。此设计模式简洁、明确，能够让用户轻松地在众多应用图标中快速找到目标。
- 动物剪影图标：提取动物整体形象或者局部特征部位作为设计元素，背景填充为单色或渐变色，简洁明了。常见的表现形式有剪影、线性描边风格、面性风格等。
- 卡通形象图标：使用动物的形状或手绘卡通效果，有助于加深用户对产品的印象。
- 正负形图标：以正形为底突出负形特征，以负形表达产品属性，传递产品信息。
- 渐变图标：可细分为白色渐变和彩色渐变。白色渐变通过白色不透明度来构建图形的立体感，比剪影图形更加具有质感；彩色渐变更具有情绪感，表现的内容也更为丰富。在使用彩色渐变时要注意色相的对比，一般使用白色或浅色背景。

Q2：图标的输出格式有哪些？

A：图标的输出格式可分为两大类，即矢量格式和位图格式。矢量格式为SVG，位图格式为PNG、JPG和GIF。

- SVG：该格式图标缩放无损、体积小、支持修改前端样式参数，单色情况下方便前端修改颜色来表达图标状态，减少重复上传。
- PNG：支持透明格式。
- JPG：兼容性强，适合大尺寸、高饱和度图像。
- GIF：用于动态图标，缺点是透明情况下边缘容易出现锯齿情况。

第 **6** 章

移动端 App 界面设计

内容导读

App的英文全称是Application，即应用程序，主要是指安装在手机里的各类软件。App和移动操作系统（如iOS、Android等）共同构成手机的软件部分。App在不同系统上的显示会有所差别。

6.1　常见的移动端App界面

界面设计在产品用户体验中占有重要地位。在移动端App中，常见的界面有闪屏页、引导页、注册登录页、空白页、首页、个人中心页等。

6.1.1　闪屏页

闪屏页又被称为启动页，用于呈现App启动后加载过程中的第一张图片。闪屏页可以传达很多内容，如产品的基本信息、活动内容等。闪屏页是用户对产品的第一印象，是情感化设计的重要组成部分。其类型可分为品牌宣传型、节假日关怀型、活动推广型等。

（1）品牌宣传型

品牌宣传型闪屏页的主要组成部分为品牌名称、品牌logo、品牌宣传语、品牌色。其简洁化的设计形式可以让用户更加直观地了解品牌，同时向用户传递品牌的情怀与理念，如图6-1所示。

（2）节假日关怀型

节假日关怀型闪屏页常用的设计方法有两种：一种是对品牌Logo进行延展设计，另一种是使用场景插画进行设计。该类型闪屏页主要用于营造节假日氛围，给用户关怀和祝福，与用户产生情感上的共鸣，以增加用户对产品的黏性，如图6-2所示。

（3）活动推广型

活动推广型闪屏页可以分为电商活动和需求商业两类。电商活动类的表现形式多为插画或图片，主要作用是营造热闹的活动氛围，着重体现活动主题以及时间节点，如图6-3所示。需求商业类主要用于给一些商家打广告或者进行合作设计。

图6-1　　　　　　　　图6-2　　　　　　　　图6-3

应用秘技

在离开闪屏页、进入首页之前，通常会出现广告页。广告页主要用于显示生产该产品的公司的运营活动或其他商品的广告，通过广告页可以跳转链接或打开其他App。

6.1.2　引导页

引导页是用户第一次安装App或更新App之后打开App看到的图片，一般由3～5个界面组成，无须设计太多。引导页可以帮助用户快速了解产品的功能以及特点。引导页可以细分为功能介绍型、情感代入型、搞笑幽默型等类型。

（1）功能介绍型

这是最基础的一种引导页，它需要将简洁明了、通俗易懂的文案和界面呈现给用户。该类型引导页可分为带按钮和不带按钮两种类型。一般社交类的App会强制引导用户登录，所以会在引导页中加入登录的入口。该类型引导页示例如图6-4、图6-5、图6-6所示。

图6-4   图6-5   图6-6

（2）情感代入型

该类型引导页通过文案和配图，把用户需求通过某种形式表现出来，引导用户去思考App的价值，在设计上要求形象化、生动化、立体化，能够增强产品的预热效果。

（3）搞笑幽默型

该类型引导页通常从用户的角度介绍App的特点与功能。该类型引导页通常采用夸张的拟人手法，让用户产生身临其境的感觉。

应用秘技

还有一种引导页被称为浮层引导页。它一般出现在功能操作提示中，是为了让用户在使用过程中更好地解决问题而提前设计的"用户教育"。浮层引导页一般以文字、手绘图案、标签表现形式为主，搭配箭头和圆圈等，使用高亮的颜色进行突出提示，同时采用蒙版方式来加强突出效果，如图6-7、图6-8、图6-9所示。

图6-7   图6-8   图6-9

6.1.3　注册登录页

注册登录页是用户在App中登录个人账号、建立个人账号的页面。几乎每个App（例如社交类、电商类、运动健身类、招聘类、影音类等App）都会有注册登录页，注册登录页是用户的必经页面。注册登录页的背景一般分为纯白背景、品牌色背景、品牌Logo背景、图片背景、插画视频背景等。图6-10、图6-11、图6-12所示为不同类型背景的注册登录页。

图6-10　　　　　图6-11　　　　　图6-12

6.1.4　空白页

空白页也称为缺省页，指页面内容为空或App响应异常。App响应正常且页面内容为空的情况下的状态称为空状态，如图6-13所示。除了空状态之外的页面内容不显示的状态都称为异常状态，这种状态主要是由网络问题（例如找不到网络或网络中断等）造成的，如图6-14、图6-15所示。

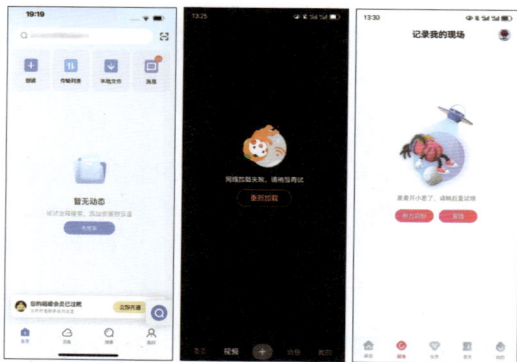

图6-13　　　　　图6-14　　　　　图6-15

6.1.5　首页

不同功能的App有着不一样的首页。选择一种适合产品本身的首页进行展示是非常重要的。常见的4种首页分别是列表型首页、图标型首页、卡片型首页和综合型首页。

列表型首页：指在一个页面上展示同一个级别的分类模块。模块由标题文案和图像组成，其中，图像可以是图片也可以是图标。列表型首页更方便进行点击操作，通过上下滑动可以查看更多的内容，如图6-16所示。

图标型首页：当首页内容分为App主要的几个功能时，可以以矩形模块进行展示。图标型首页通过矩形模块的设计形式，来引导用户点击，如图6-17所示。

卡片型首页：可以将图形、图标、操作按钮、文案等元素全部放置在同一张卡片中，再将卡片进行有规律的分类摆放，形成统一的界面排版风格，让用户对App功能一目了然，同时能有效地提高内容的点击率，如图6-18所示。

综合型首页：综合型首页设计要注意分割线和背景颜色的设计，为保证页面模块的整体性，可以选择比较淡的分割线和背景颜色来区分模块，如图6-19所示。

图6-16 　　　图6-17 　　　图6-18 　　　图6-19

6.1.6 个人中心页

个人中心页又称为"我的"页面，其入口通常设计在底部菜单栏的最右侧。个人中心页常用的设计方法有4种：无背景、固定背景、自定义以及根据等级变化。

无背景：页面干净、整洁，弱化了头部的用户信息，突出其他功能，如图6-20所示。

固定背景：使用主题色，让品牌概念在个人中心页得到强化，提高品牌的辨识度；或使用独立卡片的效果，强化个人信息区域和功能区域的对比，如图6-21所示。

自定义：让用户可以根据自己的喜好上传并使用背景图片，提升用户的参与度，如图6-22所示。

根据等级变化：可提高消费用户和付费用户的"尊贵感"，同时用于为会员营造更优质的环境和提供更贴心的服务，如图6-23所示。

图6-20 　　　图6-21 　　　图6-22 　　　图6-23

除了以上的页面类型外，还有菜单导航页、搜索页、播放页、列表页、设置页、详情页、"关于我们"页、意见反馈页等。图6-24、图6-25、图6-26、图6-27分别为详情页、搜索页、播放页及"联系我们"页。

图6-24

图6-25

图6-26

图6-27

6.2 iPhone界面设计规范

iOS最开始的名称是iPhone OS，是由苹果公司为其移动设备开发的移动操作系统，支持的设备包括iPhone、iPad、iPod touch等。本节将介绍iPhone界面设计规范。

6.2.1 界面尺寸与框架

iPhone部分常用机型的屏幕尺寸等信息如表6-1所示。

表6-1

机型	屏幕尺寸（对角线）	分辨率（px）	逻辑分辨率（pt）	倍率
iPhone 14 Pro Max	6.7in	1290px × 2796px	430pt × 932pt	@3x
iPhone 14 Plus	6.7in	1284px × 2778px	428pt × 926pt	@3x
iPhone 14 Pro	6.1in	1179px × 2556px	393pt × 852pt	@3x
iPhone 13 Pro/14	6.1in	1170px × 2532px	390pt × 844pt	@3x
iPhone 13 Pro Max	6.7in	1284px × 2778px	428pt × 926pt	@3x
iPhone 13 mini	5.4in	1080px × 2340px	360pt × 780pt	@3x
iPhone 11 Pro Max	6.5in	1242px × 2688px	414pt × 896pt	@3x
iPhone 11	6.1in	828px × 1792px	414pt × 896pt	@2x
iPhone X/XS	5.8in	1125px × 2436px	375pt × 812pt	@3x
iPhone SE	4.7in	750px × 1334px	375pt × 667pt	@2x
iPhone 8 Plus	5.5in	1080px × 1920px	414pt × 736pt	@3x
iPhone 8/7/6	4.7in	750px × 1334px	375pt × 667pt	@2x

注：1in（英寸）=0.0254m。

iPhone的界面框架主要包括状态栏、导航栏、内容区域、标签栏等，如图6-28所示。不同的设备其界面框架有所差异，需要设计人员在具体的设计过程中根据实际情况确定，在设计过程中遵循相关的设计规范可有效提高最终界面的适配度。

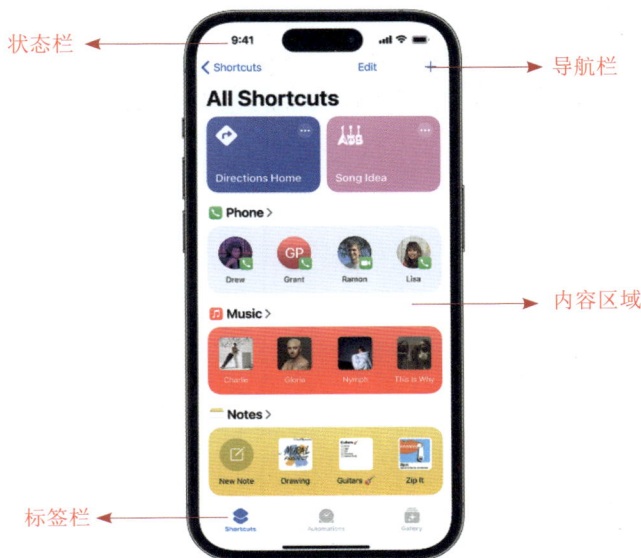

图6-28

- **状态栏**：位于屏幕顶部，用于显示设备当前的状态信息，例如时间、运营商、电池电量等。
- **导航栏**：显示在应用程序顶部，状态栏下方，帮助用户确认自身在 App 或游戏中的位置，可包括影响其下方内容的控件。
- **内容区域**：用于展示具体的信息和功能，包括但不限于Banner图、快速通道、金刚区、海报、悬浮按钮、临时视图等。App的功能不同，其内容区域也不同。
- **标签栏**：位于应用程序底部，主要用于全局导航，方便用户快速在不同标签间切换。

6.2.2 设计规范详解

下面将详细介绍状态栏、导航栏及标签栏的设计规范。

1. 状态栏设计规范

不同机型的iPhone的状态栏的高度有所差别。在iOS 14之前，iPhone的状态栏的高度只有两种，即非刘海屏的高度为40px和刘海屏的高度为132px，如图6-29所示。在iOS 14之后，状态栏的高度不再是固定值。

图6-29

2. 导航栏设计规范

导航栏中的页面标题处于居中的位置，左右是功能图标区域。屏幕尺寸为4.7in，750px×1334px（见表6-1）的导航栏的高度为88px，1125px×2436px的导航栏的高度为132px，如图6-30所示。

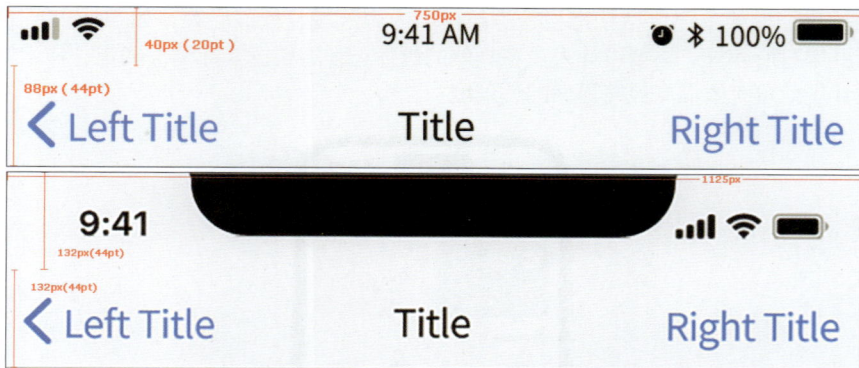

图6-30

应用秘技

部分导航栏中会添加搜索框，以屏幕分辨率1125px×2436px为例，搜索框的高度可设置为104px，圆角半径为25px，如图6-31所示。

图6-31

除此之外，还有一种使用大标题的导航栏，它可以有效减少视觉噪声，让内容更加突出。750px×1334px的大标题导航栏的高度为194px，1125px×2436px的大标题导航栏的高度为288px，如图6-32所示。

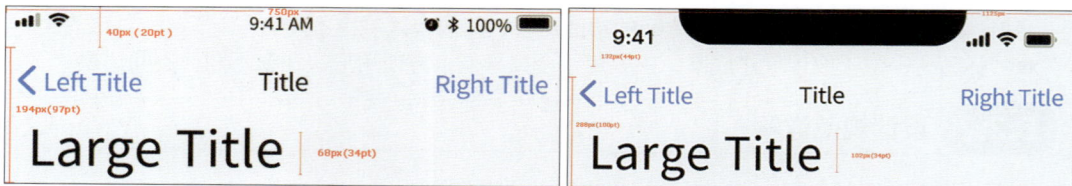

图6-32

应用秘技

状态栏跟导航栏会进行一体化设计，不同设备的状态栏和导航栏高度如表6-2所示。

表6-2

设备名称及类型	状态栏高度	导航栏高度	倍率
iPhone 14 Pro/14 Pro Max	162px/54pt	132px/44pt	@3x
iPhone 12/12 Pro/13/13 Pro/14	141px/47pt	132px/44pt	@3x
iPhone 11	144px/48pt	132px/44pt	@3x
其他刘海屏	132px/44pt	132px/44pt	@3x
非刘海屏	40px/20pt	88px/44pt	@2x

3. 标签栏设计规范

标签栏也称为"Tab栏"，其中含有3～5个图标。标签栏分为常规型和紧凑型两种。每个图标的下方会添加字号为10pt（20px）的注释文字。750px×1334px的标签栏的高度为98px，1125px×2436px的标签栏高度为249px，内含高度为102px的主页指示器，如图6-33所示。

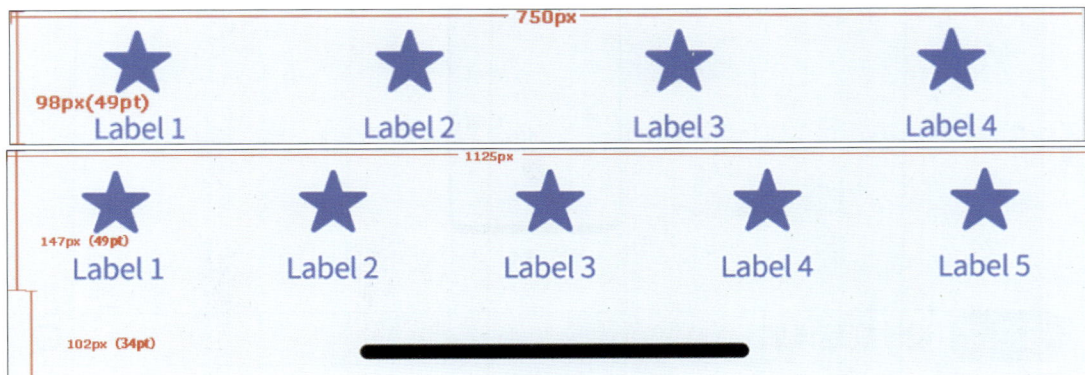

图6-33

应用秘技

在iPhone界面中，控件的点击区域基本符合44pt（88px）原则，在设计时要设计多种操作状态，不要只设计一种操作状态。

6.3　Android手机界面设计规范

Android手机尺寸众多，在设计上不需要根据每个屏幕去适配，只需根据固定密度来设计，手机会自行进行适配。

6.3.1　界面尺寸与框架

Android手机界面的密度等信息如表6-3所示。

表6-3

密度	密度数	分辨率	倍数关系	px、dp的关系
xxxhdpi	640	2160px×3840px	@4x	1dp=4px
xxhdpi	480	1080px×1920px	@3x	1dp=3px
xhdpi	320	720px×1280px	@2x	1dp=2px
hdpi	240	480px×800px	@1.5x	1dp=1.5px
mdpi	160	320px×480px	@1x	1dp=1px

Android手机界面主要由状态栏、导航栏、标签栏和内容区域这4部分组成，如图6-34所示。其中，状态栏和导航栏被统称为系统栏，在系统栏中会显示电池电量、时间、通知和提醒等重要信息，并提供直接的设备交互。

图6-34

6.3.2 设计规范详解

下面将详细介绍状态栏、导航栏以及标签栏的设计规范。

1. 状态栏设计规范

Android手机界面的状态栏包含通知图标和系统图标，如图6-35所示。状态栏可能会因上下文、时间、用户的偏好设置、主题或其他参数而异。

图6-35

在不同密度的Android手机界面下，状态栏具有不同的高度，具体如表6-4所示。

表6-4

密度	分辨率	状态栏高度
xxxhdpi	2160px × 3840px	96px
xxhdpi	1080px × 1920px	72px
xhdpi	720px × 1280px	50px
hdpi	480px × 800px	32px
mdpi	320px × 480px	24px

2. 导航栏设计规范

Android手机界面的导航栏也称为"应用栏"，如图6-36所示。和iPhone的导航栏不同的是，Android手机界面的导航栏中的标题通常在左侧，靠近返回键。

图6-36

在不同密度的Android手机界面下，导航栏具有不同的高度，具体如表6-5所示。

表6-5

密度	分辨率	导航栏高度
xxxhdpi	2160px × 3840px	192px
xxhdpi	1080px × 1920px	144px
xhdpi	720px × 1280px	96px
hdpi	480px × 800px	64px
mdpi	320px × 480px	48px

3. 标签栏设计规范

Android手机界面的标签栏称为"底部导航栏",如图6-37所示,允许用户使用返回、主屏幕和概览控件来控制导航。

图6-37

在不同密度的Android手机界面下,标签栏具有不同的高度,具体如表6-6所示。

表6-6

密度	分辨率	标签栏高度
xxxhdpi	2160px × 3840px	192px
xxhdpi	1080px × 1920px	144px
xhdpi	720px × 1280px	96px
hdpi	480px × 800px	64px
mdpi	320px × 480px	48px

应用秘技

Android手机界面的最小点击区域尺寸为48dp,尺寸、距离均为8dp的整数倍。部分空间的尺寸可以按56dp的整数倍设计。

实战演练:旅行类App界面设计

实战目标

本实战将综合运用Photoshop、Illustrator软件,借助图形工具、网格绘制App中使用的图标,使用矩形工具、椭圆工具、横排文字工具、图层样式、剪贴蒙版等制作App的闪屏页、功能图标、注册登录页以及首页。

资源位置

素材\第6章\实战演练\旅行类App界面设计。

1. 制作闪屏页

步骤01 启动Photoshop,单击"新建"按钮,或按Ctrl+N组合键,在弹出的"新建文档"对话框中设置参数,如图6-38所示,单击"创建"按钮,效果如图6-39所示。

微课视频

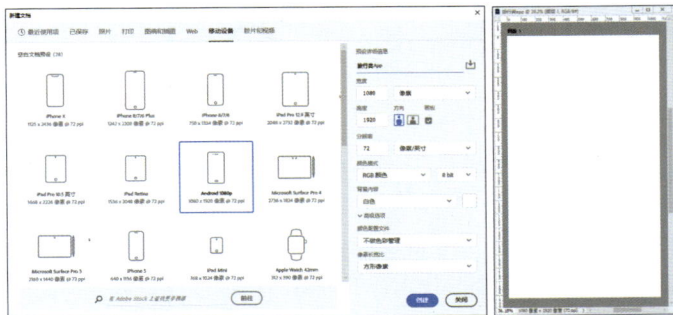

图6-38　　　　　　　图6-39

步骤02 选择"矩形工具"，绘制1080px×1600px的矩形，效果如图6-40所示。
步骤03 将素材"闪屏素材"拖曳至文档中，效果如图6-41所示。

图6-40   图6-41

步骤04 按Ctrl+Alt+G组合键创建剪贴蒙版，调整位置，效果如图6-42、图6-43所示。
步骤05 拖曳素材"标志组"至文档中，将其调整至合适大小并设置为水平居中对齐，效果如图6-44所示。

图6-42   图6-43   图6-44

2. 制作功能图标

步骤01 启动Illustrator，新建720px×1280px的文档，置入已绘制好的"栅格"，按Ctrl+2组合键锁定"栅格"，如图6-45所示。
步骤02 选择"椭圆工具"，分别创建16px×16px、32px×32px的正圆，描边设置为2pt，效果如图6-46所示。

微课视频

图6-45   图6-46

步骤03 使用直接选择工具选中大圆底部的锚点，并将锚点向上拖曳，效果如图6-47所示。
步骤04 使用剪刀工具在两个形状重合的位置单击以创建锚点并切断路径，效果如图6-48所示。

图6-47   图6-48

步骤05   删除被切断的路径，效果如图6-49所示。

步骤06   解锁"栅格"图层，选择"画板工具"，按住Alt键移动复制画板，删除图像后锁定"栅格"图层，效果如图6-50所示。

图6-49   图6-50

步骤07   选择"矩形工具"，创建20px×20px的矩形，描边设置为2pt，效果如图6-51所示。

步骤08   使用直接选择工具框选矩形顶部两侧的锚点，向内拖曳锚点以调整圆角半径，效果如图6-52所示。

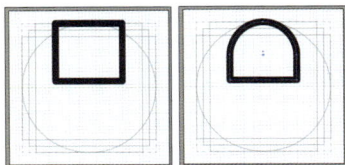

图6-51   图6-52

步骤09   选择"矩形工具"，创建36px×22px的圆角矩形，描边设置为2pt，效果如图6-53所示。

步骤10   选择"直线段工具"，按住Shift键绘制6px的竖线，效果如图6-54所示。

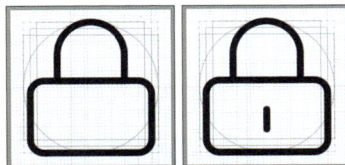

图6-53   图6-54

步骤11   使用类似的方法继续制作注册登录页、首页用到的功能图标，效果如图6-55所示。

图6-55

步骤12 隐藏每个画板中的"栅格"图层，如图6-56所示。

步骤13 将上述图标导出为PNG格式图像，如图6-57所示。

图6-56　　　　　　　　图6-57

3. 制作注册登录页

步骤01 启动Photoshop，选择"画板工具"，单击该工具选项栏中的"添加新画板" 按钮，在空白位置处单击以添加新画板，如图6-58所示。

步骤02 置入素材"注册素材"，调整其大小，效果如图6-59所示。

图6-58　　　　　　　图6-59　　　　　　　　微课视频

步骤03 新建水平的、72px的参考线，置入素材"状态栏"，调整其位置与显示大小，效果如图6-60所示。

步骤04 新建水平的、216px的参考线，置入素材图标，调整其位置与显示大小，效果如图6-61所示。

步骤05 选择"横排文字工具"，输入文字，在"字符"面板中设置参数，如图6-62所示。

图6-60　　　　　　图6-61　　　　　　图6-62

步骤06 继续输入文字，更改字号为42点，字重为Regular，效果如图6-63所示。

步骤07 选择"矩形工具"，绘制900px×100px、圆角半径为20px的矩形，如图6-64所示。

步骤08 按住Alt键移动复制矩形2次，效果如图6-65所示。

图6-63   图6-64   图6-65

步骤09 选择上面两个圆角矩形，更改不透明度为60%，效果如图6-66所示。

步骤10 置入素材图标，将它们调整至合适的位置，效果如图6-67所示。

图6-66   图6-67

步骤11 选择"横排文字工具"，输入文字，在"字符"面板中设置参数，如图6-68所示，效果如图6-69所示。

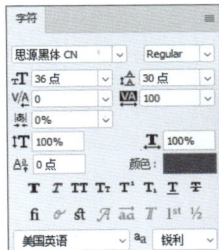 

图6-68   图6-69

步骤12 在位于中间的矩形中置入素材图标，双击该图标图层，更改其填充颜色（R为99、G为99、B为102），效果如图6-70所示。

步骤13 双击第3个圆角矩形图层，更改填充颜色（R为63、G为91、B为23），效果如图6-71所示。

图6-70   图6-71

步骤14 选择"横排文字工具"，输入文字，设置字号为42点，居中对齐后调整字体颜色（R为229、G为229、B为234），效果如图6-72所示。

步骤15 调整圆角矩形的圆角半径为50px，效果如图6-73所示。

图6-72　　　　　　　　　图6-73

步骤16 选择"横排文字工具"，输入两组文字，设置字号为32点，字体颜色为白色，效果如图6-74所示。

步骤17 选择"横排文字工具"，输入文字，设置字号为30点，效果如图6-75所示。

图6-74　　　　　　　　　图6-75

步骤18 选择"直线工具"绘制直线，按住Alt键移动复制直线，选中"第三方账号登录"使其水平分布，效果如图6-76所示。

步骤19 置入素材图标并使其水平分布，效果如图6-77所示。

图6-76　　　　　　　　　图6-77

步骤20 选择"横排文字工具"，输入文字，字号设置为20点，更改"已阅读并同意"的颜色（R为229、G为229、B为234），其他默认为白色，效果如图6-78所示。

步骤21 选择"椭圆工具"，绘制宽度、高度均为20px的正圆，无填充，描边设置为2px，描边的颜色和"已阅读并同意"的相同，效果如图6-79所示。

图6-78　　　　　　　　　图6-79

4. 制作首页

步骤01 启动Photoshop，选择"画板工具"，单击该工具选项栏中的"添加新画板" 按钮，在空白位置处单击以添加新画板，效果如图6-80所示。

步骤02 选择"视图>新建参考线"命令，分别在72px、216px、1776px处创建水平参考线，效果如图6-81所示。

微课视频

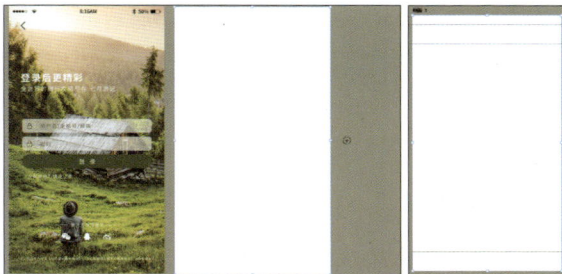

图6-80   图6-81

步骤03 置入素材"状态栏",调整素材位置与显示大小,效果如图6-82所示。

步骤04 选择"矩形工具",绘制圆角矩形,设置填充色为微白色,描边为白色、2px,圆角半径为30px,效果如图6-83所示。

图6-82   图6-83

步骤05 双击该图层,在弹出的"图层样式"中勾选"投影"选项,设置投影参数,如图6-84所示,效果如图6-85所示。

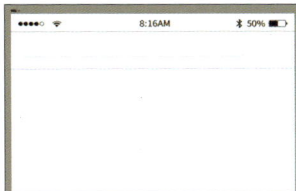

图6-84   图6-85

步骤06 按住Shift+Alt组合键进行水平移动与复制,按Ctrl+T组合键进行自由变换,按住Shift键从左向右拖曳调整,效果如图6-86所示。

步骤07 置入素材图标,双击该图层,添加颜色叠加样式(R为99、G为99、B为102),效果如图6-87所示。

图6-86   图6-87

步骤08 继续置入素材图标,复制搜索图标的图层样式,效果如图6-88所示。

步骤09 选择"横排文字工具",输入文字"搜索目的地/攻略游记等",设置字号为36点,颜色为浅灰色（R为183、G为183、B为183），效果如图6-89所示。

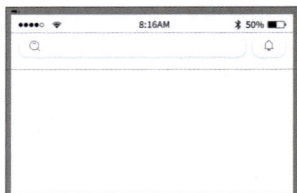

图6-88　　　　　　　　　图6-89

步骤10　继续输入文字，设置字号为30点，吸取搜索图标的颜色将其作为字体颜色，效果如图6-90所示。

步骤11　继续输入文字，在"字符"面板中更改字体参数，如图6-91所示。

图6-90　　　　　　　　　图6-91

步骤12　继续输入4组文字，更改字号为44点，字体颜色为黑色，效果如图6-92所示。

步骤13　置入素材图标并将素材图标移动至合适的位置，效果如图6-93所示。

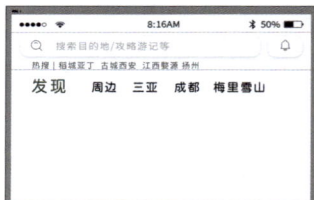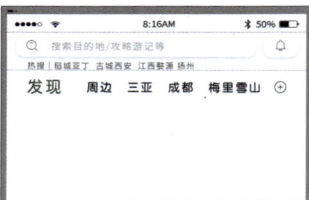

图6-92　　　　　　　　　图6-93

步骤14　选择"矩形工具"，绘制圆角矩形并填充颜色（R为64、G为89、B为21），将其移动至文字"发现"上，更改文字颜色为白色，效果如图6-94所示。

步骤15　选择"矩形工具"，绘制1000px×500px、圆角半径为30px的圆角矩形，效果如图6-95所示。

图6-94　　　　　　　　　图6-95

步骤16　置入素材，按Ctrl+Alt+G组合键创建剪贴蒙版，调整其位置与大小，效果如图6-96所示。

步骤17　复制圆角矩形并将其移动至蒙版顶层，更改圆角矩形的填充颜色为白色，不透明度为60%，调整圆角矩形的大小和位置，效果如图6-97所示。

图6-96

图6-97

步骤18 选择"横排文字工具",输入文字,更改字体颜色(R为23、G为45、B为5),并将字号更改为46点,效果如图6-98所示。

步骤19 继续输入文字,更改字体为思源黑体CN,并将字号更改为20点,效果如图6-99所示。

图6-98

图6-99

步骤20 选择"矩形工具",绘制4个不同大小的圆角矩形,效果如图6-100所示。

步骤21 在4个圆角矩形中分别置入素材图像,按Ctrl+Alt+G组合键创建剪贴蒙版,调整其位置与大小,效果如图6-101所示。

图6-100

图6-101

步骤22 置入素材图标,双击该素材图标图层,添加颜色叠加样式,颜色为白色,效果如图6-102所示。

步骤23 输入文字,设置字号为30点,字体颜色为白色,效果如图6-103所示。

图6-102　　　　　　　　　　　图6-103

步骤24　更改字体颜色为黑色，字号为24点，输入文字，效果如图6-104所示。

步骤25　置入素材图标，选中素材后粘贴图层样式，调整图标大小，效果如图6-105所示。

图6-104　　　　　　　　　　　图6-105

步骤26　输入文字，更改字体颜色，并将字号更改为24点，效果如图6-106所示。

步骤27　框选步骤22～步骤26置入的素材图标和输入的文字，按住Alt键复制移动至右侧图像的下方，并更改文字，效果如图6-107所示。

图6-106　　　　　　　　　　　图6-107

步骤28　选择"矩形工具"，绘制矩形并填充颜色（R为246、G为246、B为246），效果如图6-108所示。

步骤29　置入素材图标，调整其间距，使所有图标垂直居中对齐，效果如图6-109所示。

图6-108　　　　　　　　　　　图6-109

步骤30　选择"横排文字工具"，输入文字，字号设置为20点，设置文字和图标水平居中对齐，效果如图6-110所示。

步骤31 选择"椭圆工具",绘制140px×140px的正圆,设置填充颜色(R为64、G为89、B为21),效果如图6-111所示。

图6-110　　　　　　　　　　　　图6-111

步骤32 双击该正圆图层,在弹出的"图层样式"对话框中勾选"投影"选项,设置投影参数,如图6-112所示。

步骤33 置入素材图标,双击该图层,添加颜色叠加样式,颜色为白色,效果如图6-113所示。

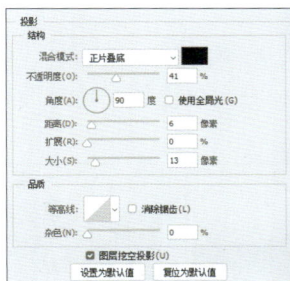

图6-112　　　　　　　　　　　　图6-113

最终效果如图6-114所示。

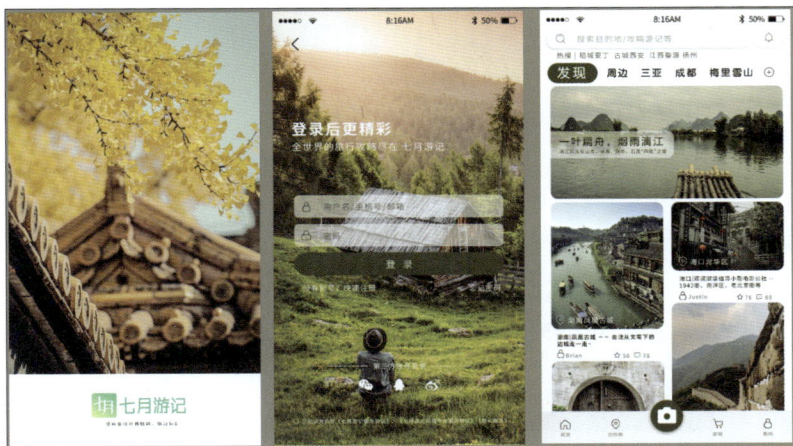

图6-114

课后练习:制作旅行类App详情页

练习目标

本练习将使用画板工具、矩形工具、文字工具、填充、多边形套索工具等制作旅行类App详情页,如图6-115所示。

资源位置

素材\第6章\课后练习\制作旅行类App详情页。

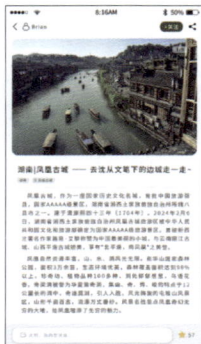

图6-115

操作提示如下。

步骤01　打开素材，复制画板，如图6-116所示。

步骤02　删除多余的素材并将保留的素材移动到合适的位置，效果如图6-117所示。

步骤03　添加文字和图标，更改主图Banner，在右上角添加圆角矩形和文字，效果如图6-118所示。

图6-116

图6-117

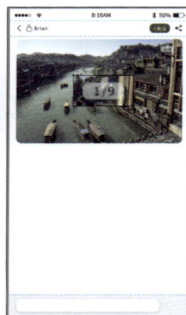

图6-118

步骤04　使用文字工具、矩形工具等制作内容部分，效果如图6-119所示。

步骤05　置入并更改图标样式，输入文字，调整不透明度，效果如图6-120所示。

步骤06　删除原画板，另存为"旅行类App详情页"，如图6-121所示。

图6-119

图6-120

图6-121

知识拓展

Q1：iPhone和Android手机的尺寸种类这么多，怎么确定设计稿的尺寸？

A：选择主流尺寸作为设计稿尺寸，可以有效提高视觉还原度和与众多机型的适配度。目前对于iPhone多选择2倍的750px×1334px进行设计，对于Android手机则多选择1080px×1920px。

Q2：iPhone界面设计和Android界面设计可以通用吗？

A：可以。iPhone界面设计中的3倍图正好是Android界面设计中1080px×1920px的切图资源，如图6-122所示。也可以将750px ×1334px的设计稿尺寸调整为1080px×1920px，在微调后重新标注。具体的调整方法需要提前和工程师沟通。

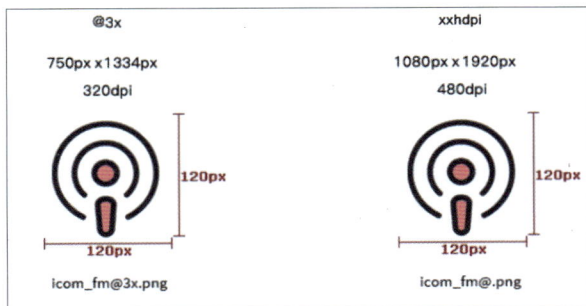

图6-122

Q3：界面设计中边距与间距是如何选择的？

A：全局边距是指页面板块内容到页面边缘的间距。iOS系统通用的全局边距为30px，如设置页面（见图6-123）、备忘录等的边距。不同的App的全局边距有所区别。常用的全局边距有20px、24px、30px、32px。全局边距通常是偶数，倍率为@2x时常用24px，倍率为@3x时常用32px，如图6-124所示。

在界面设计中，卡片式设计是一种较为常用的形式，其特点是用色块背景将信息分组、分类，从而清晰地区分不同组别的内容，使页面空间得到更好的利用。页面中的卡片边距根据承载信息内容的多少来界定，通常不小于16px，使用最多的间距是20px、24px、26px、30px、40px，间距的颜色多为20%左右的灰度或白色。灰色的26px的间距如图6-125所示。

图6-123　　　　　图6-124　　　　　图6-125

第 **7** 章

PC 端网页界面设计

内容导读

网页界面设计是指根据企业希望向浏览者传递的信息进行网站功能策划，通过合理的颜色、字体、图片、样式进行页面美化工作。精美的网页设计对于提升企业的品牌形象至关重要。

7.1 网页常用界面类型

网页是构成网站的基本元素，是承载各种网站应用的平台。一个完整的网站中包含多个网页。从内容上划分，网页可分为首页、栏目页、详情页和专题页。

7.1.1 首页

首页也称为"主页"，是用户进入网站看见的第一页。作为网站"门面"，首页承载了网站最重要的内容展示功能，它也是品牌形象呈现的窗口。首页应该直观地展示企业的产品和服务，在设计时需要贴近企业文化，并具有鲜明的企业自身特色。图7-1、图7-2所示分别为不同类型网站的首页。

图7-1

图7-2

7.1.2 栏目页

栏目页也称为"列表页"，是网站首页到具体详情页之间的过渡页面，主要根据网站内容结构以及需要发布的内容分类来设定。网页栏目是指网页中的主要版块内容，一般分为网站导航栏目、二级栏目、三级栏目等。设置网页栏目主要是为了方便用户快速找到目标页面，增强用户体验。图7-3、图7-4所示分别为不同类型网站的栏目页。

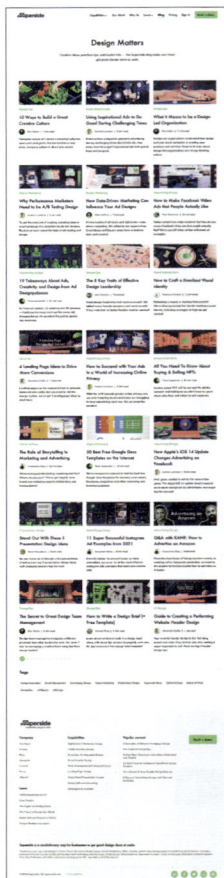 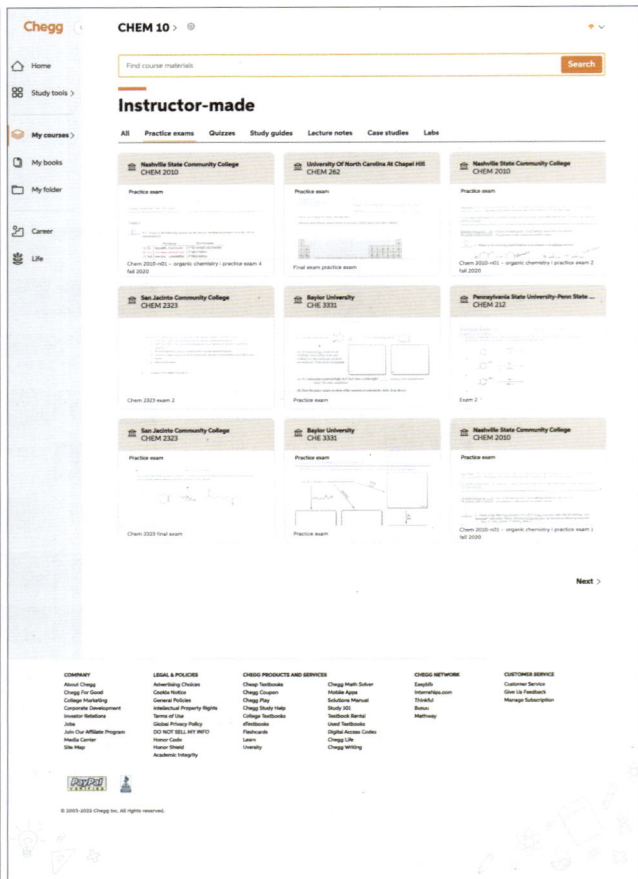

图7-3　　　　　　　　　　　　　　　　　图7-4

知识链接

网站首页之后便是二级页面，例如栏目页，在栏目页中单击任意一个栏目进入的便是三级页面。

7.1.3 详情页

详情页是一种用于展示搜索结果相关内容的页面，可以帮助用户深入了解搜索结果。图7-5、图7-6所示分别为不同类型网站的详情页。详情页一方面可以给用户提供搜索结果，另一方面可以为用户提供操作详情页的设置。详情页对信息效率和优先级有一定的要求，在设计详情页时，应结合首页风格清晰、合理地布局页面。

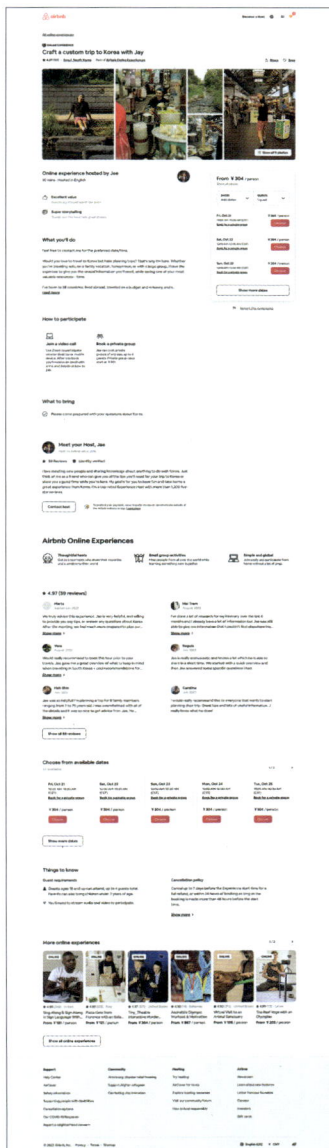

图7-5

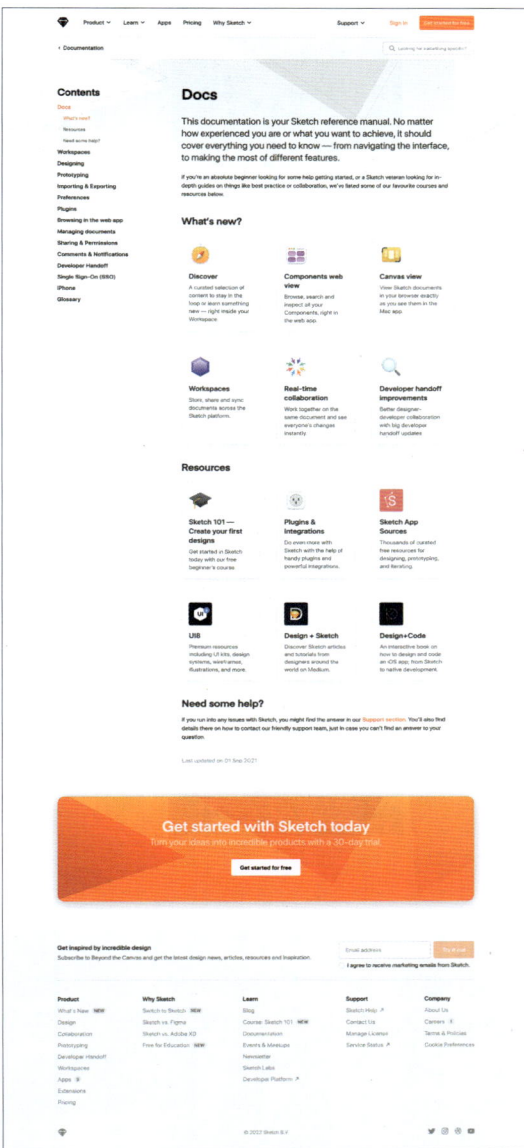

图7-6

　　详情页在电商平台中是核心展示页面，可以向消费者展示商品的详细信息。详情页提供的商品照片、信息以及评价等，可以提高用户对商品的信任度，以促成交易，提高转化率。

7.1.4　专题页

　　专题页是围绕一个"专题"而创建的独立页面，可以利用一个点、一件事或一个主题来策划专题页。专题页通常具有时效性，多用于推广活动和吸引用户等，在设计上需要较强的视觉效果。图7-7、图7-8所示分别为不同类型网站的专题页。

图7-7   图7-8

　　除了以上介绍的，网页还包括表单页。表单页常用于用户登录、注册、购物、评论等，可引导用户高效完成表单的工作流程。图7-9所示为用于登录的表单页。

图7-9

7.2　网页界面设计

　　网页是展现企业形象、介绍企业产品和服务的重要方式。在设计网页时，需要从消费者的需求、市场状况，以及企业自身情况出发进行设计，然后进行页面美化。

7.2.1 网页界面的设计原则

网页界面有5个设计原则：以用户为中心、视觉美观、主题明确、内容与形式统一以及整体性。

1. 以用户为中心

以用户为中心的设计侧重于关注产品用户，将他们作为优先考虑的对象，根据他们的需求进行设计，在设计过程中能节省沟通与改稿的时间。

● 　用户优先观念：网页界面设计主要是为了吸引用户从而增加浏览量，所以无论如何，设计都要以用户为中心，了解用户需求。在设计、制作网页时，不能一味地追求艺术感，要使网页界面简洁、易操作，便于用户理解网页的内容。

● 　简化操作流程：在网页界面设计过程中，要明确、清晰地传递所操作的信息，如图7-10所示。便捷、易懂的操作流程永远是用户的第一选择。若操作流程过于烦琐，会导致用户失去耐心，造成用户流失。

● 　情绪感受：在进行网页界面设计时，要从用户的视角出发，吸引他们的注意力，保证用户可以掌握整个界面的操作，对网页产生信任并获得安全感。

2. 视觉美观

网页界面设计的基本原则之一是视觉美观。在平面设计中通过点、线、面元素的互相衬托、互相穿插形成完美的页面效果，可充分体现完美的设计意境，如图7-11所示。除此之外，视觉美观还可以使用融合交互设计、动画以及三维效果等多媒体形式来实现。

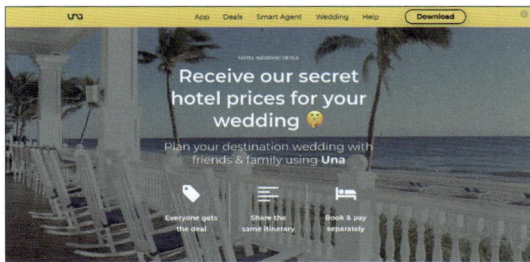

图7-10

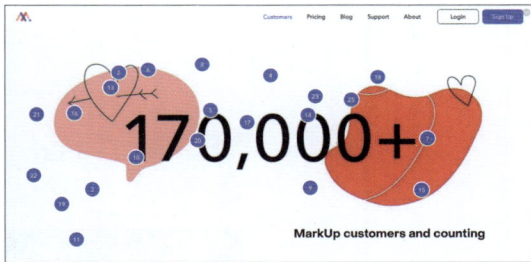

图7-11

3. 主题明确

网页界面设计需要有明确的主题、清晰的层次结构，以提高搜索的友好性。要求设计不仅要简练、清晰和精准，还要在凸显艺术性的同时通过具有冲击力的视觉效果表现主题，如图7-12所示。

4. 内容与形式统一

内容是指明确的主题、内容元素等，形式则是指结构、设计风格等表现方式。形式为内容服务，内容为目的服务，内容与形式的和谐统一是网页界面设计的基础。将设计内容组织在一个统一的结构里，可以增强用户对网页的信任，如图7-13所示。

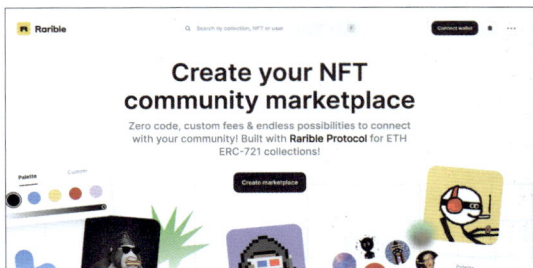

图7-12

图7-13

5. 整体性

具有整体性的网页界面设计可以让用户对网页有深刻的记忆，促使用户迅速而有效地在网页中进行操作。若不遵循这一项原则，设计出的整个网页看起来杂乱无章。这并不是说网页界面设计是一成不变的，而是需要根据需求的变化，积极尝试新风格，给用户带来新鲜的感觉，如图7-14所示。

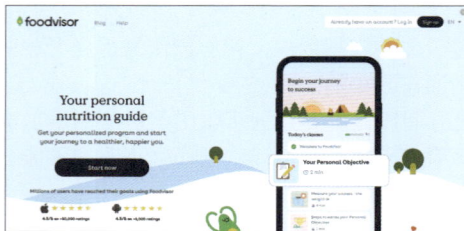

图7-14

7.2.2 网页布局

网页布局在很大程度上决定了网站的访问者将如何与网页内容进行交互。不同的网页布局带来的交互体验是不同的。下面将介绍常见的网页布局。

1. 卡片式网页布局

卡片式网页布局在设计时灵活度高，它由文字标题、小标题、图形或图片等组成模块，以块状形式整合内容，让内容更规整，视觉上更有个性，也是操作快捷的内容信息入口，如图7-15所示。

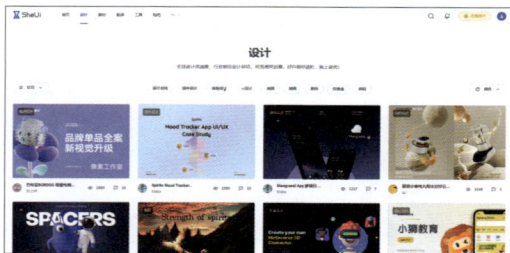

图7-15

注意事项：

网格布局是卡片式网页设计的绝佳组合，它具有很强的灵活性，可以无限滚动设计。

2. 分屏式网页布局

当两个元素在页面上具有相同的权重时，采用分屏式网页布局是一种流行的设计选择，该类布局通常用于文本和图像都需要突出显示的设计。该类布局可以通过分屏进行有效对比，也可以结合动画或视频，但需避免使用过多的内容，如图7-16所示。

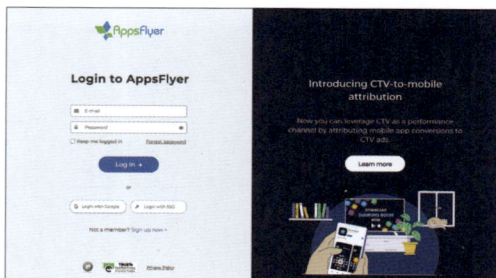

图7-16

3. 全屏图像网页布局

全屏图像网页布局通过将超大的视觉效果图放在屏幕前面和中间，可以引人注目且让访问者有一种身临其境的感觉。大型的媒体功能（如视频）可以在很短的时间内传达很多信息。该类布局中的图片常以轮播图的形式展现，轮播内容包含图像和文本，用来突出显示内容，如图7-17所示。

图7-17

4. Z形/F形网页布局

Z形/F形网页布局是指用户的视线在页面上的移动方式。

Z形网页布局将用户的视线吸引到页面顶部（Logo通常放置在页面左上角），然后沿页面对角线方向向右下方移动，最后水平延伸到底部，如图7-18所示。F形网页布局有非常明确的视觉层次结构，使用F形网页布局需确保在页面的顶部折叠处放置重要元素，访问者可能会在此处逗留很长时间，这些元素通常包括标题、副标题和特色图片等。

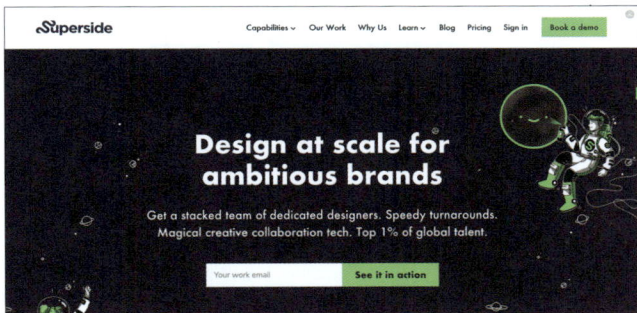

图7-18

5. 杂志式网页布局

杂志式网页布局参考报纸和杂志的布局，可以展现出大量的信息，该类布局基于列网格创建复杂的层次结构。使用该类布局优先考虑的是标题，如图7-19所示。杂志式网页布局将F形网页布局与复杂的网格相结合，可以将大量信息分解为易于阅读的内容，同时保持秩序感和干净、整洁的设计。

图7-19

6. 单栏式网页布局

单栏式网页布局是指在一个垂直栏中包含所有内容的布局，用户只需要滚动鼠标滚轮向下滚动页面，即可获取更多的信息内容，如图7-20所示。文本较多的网页可以使用该类布局，同时可以使用图像、大小标题分割文本。

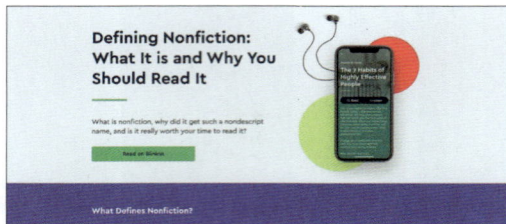

图7-20

7. 不对称网页布局

不对称网页布局对页面进行了不对称的分割。该类布局具有从一侧到另一侧的视觉移动效果，可以给浏览者带来动态化的视觉冲击力，使设计更加具有动感，适用于追求现代化和创新外观并且致力于提高用户参与度的网页，如图7-21所示。

图7-21

7.3 网页界面设计规范

网页界面设计是根据企业需求策划网站功能，综合用户体验美化页面设计的工作。在设计网页界面时设计师要遵循尺寸、结构、字体等设计规范，以设计出适配的网页界面。

7.3.1 网页界面尺寸与框架

网页界面的尺寸主要取决于用户屏幕尺寸的分辨率，常见的屏幕尺寸有以下几种。

- 常见尺寸：1366px×768px。
- 网页-大尺寸：1920px×1080px。
- 网页-中尺寸：1440px×900px。
- 网页-小尺寸：1280px×800px。
- 网页-最小尺寸：1024px×768px。
- MacBook Pro 13：2560px×1600px。
- MacBook Pro 15：2880px×1800px。
- iMac 27：2560px×1440px。
- 台式机高清设计尺寸：1440px×900px。

网页页面的结构主要包括页头、Banner、内容区域及页脚，如图7-22所示。

图7-22

- **页头**：位于网页的顶部，包括网站的Logo或品牌标识、交互指引、标题Slogan、搜索、注册、登录、版本信息等内容，便于用户识别网站并访问网站其他页面，可以提高网站的可用性。
- **Banner**：也称为焦点图，是网页中的主视觉区域，由背景、文案信息、产品或模特及点缀物等组成，单击即可跳转到目标界面，可以起到宣传的作用，为商品或企业带来转化率。
- **内容区域**：页面的主体，通常根据页面内容的多少划分栏目，每个栏目中放置内容标题，具体的内容包括图像、文字、动画、视频等。
- **页脚**：位于网页的底部，包括版权信息、法律声明、网站备案信息、联系方式等内容。

7.3.2　网页界面设计规范详解

下面将对网页界面设计的设计基准尺寸、导航栏、Banner、内容区域、页脚进行介绍。

1．设计基准尺寸

PC端网页界面设计的主流尺寸宽度为1920px，高度不限，有效的可视区宽度为950～1200px，具体尺寸需要根据具体情况而定。首屏高度为700～750px，主体内容区域的安全宽度为1200～1400px，如图7-23所示。

图7-23

知识链接 ▶

　　网页可以借助栅格系统进行设计，具体可参考2.4节"栅格系统的应用解析"。

2. 导航栏

　　导航栏在页头中，当网页宽度为1200px时，其高度范围为46~100px，能够适配大部分屏幕尺寸的分辨率。图7-24、图7-25所示为不同样式和高度的导航栏。

图7-24

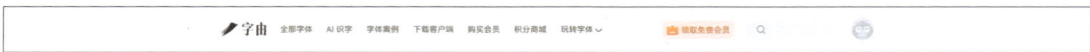

图7-25

知识链接 ▶

　　部分导航栏中会有搜索框，搜索框一般定高（高度为60px）不定宽，文字常用字号为14px、16px、18px、20px。

3. Banner

　　Banner大多数以轮播的形式展现，最多可以放5张图。常见的Banner构图方式有中轴构图、上下构图、左右构图以及三角构图。每张轮播图都包括4个部分：文字层、主体物层、装饰层以及背景层，如图7-26所示。

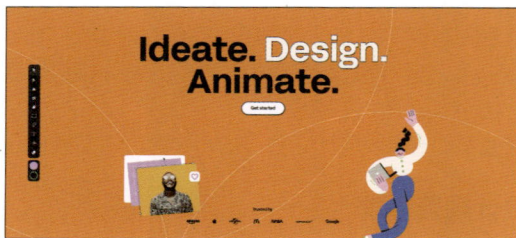

图7-26

● 文字层：由主副标题组成，可以让提取的信息更加直观。
● 主体物层：辅助文字信息的表达，采用图文结合的方法，可以起到视觉引导作用，使用户将重点聚焦在文案上。
● 装饰层：使用点、线、面，填补空白的地方，使画面更加平衡，使画面更加饱满。
● 背景层：使用纯色、渐变、图片或者视频的方式，让画面符合其表达的主题。

知识链接 ▶

　　网页端的Banner没有固定的尺寸，目前主流的Banner尺寸有以下3种。
● 横版Banner：900px×500px。
● 竖版Banner：750px×950px。
● 全屏Banner：宽度为1920px，高度为600~800px。

4. 内容区域

内容区域使用文字和图片进行填充。下面就文字和图片的使用规范进行讲解。

（1）文字

文字的选择要以可读性和可辨识性为主。网页设计中常用的中文字体为宋体、微软雅黑和苹果系统黑体，常用的英文字体为Times New Roman、Arial无衬线字体、HarmonyOS Sans。段落对齐的格式为两端对齐、末行左对齐，首行缩进2个字符，行间距与段间距为字号的1.5～2倍；字间距为0，避头尾法则为JIS严格。各信息层级的字号如表7-1所示。

表7-1

信息层级	中文	英文
正文	12px、14px	10～16px
标题	22px、26px、28px、30px	10～16px
辅助信息	12px、14px	—

核心字体的颜色可以使用企业品牌色，这样可以增强与品牌的关联性；正文文字可以使用深灰色，即#333333～#666666所代表的颜色；注释信息可以使用#999999所代表的颜色，辅助性文字可以使用#CCCCCC所代表的颜色，如图7-27所示。

图7-27

提示：

在设计时需使用Web256安全色，活动专题页可以不按此执行。主色调可以从Logo颜色、环境颜色或者产品颜色中提取，提取百分率约为70%。

（2）图片

常用的图片比例为4:3、16:9、1:1等。其中，4:3、16:9比例适用于Banner、背景图片、缩览图等，1:1比例通常用于图标、头像缩览图等。考虑到屏幕尺寸的适配问题，对图片比例没有固定的要求，以正整数，尤其是偶数为佳。作为内容出现的图片，一定要使用文字进行说明，如图7-28所示。

图7-28

5. 页脚

页脚的设计也是不可忽略的，应避免页面出现"头重脚轻"的视觉效果。从页脚中可以获取网站的基本信息，例如企业名称、联系方式、常用链接、备案号等。该区域的设计和其他区域的设计有所不同，要以简单为主，主要包含文本和图标，使用简单的线条装饰即可。除此之外，页脚的设计应将页脚与内容区域分开，如图7-29所示。

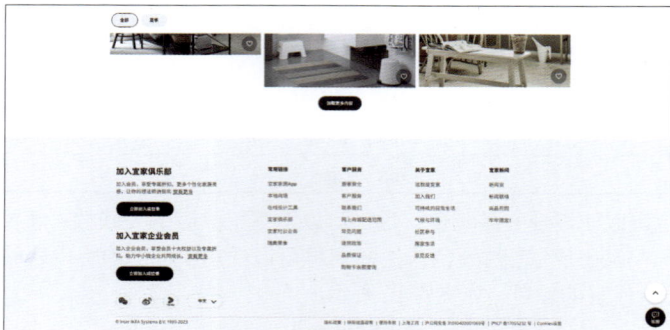

图7-29

实战演练：音乐类网页界面设计

实战目标

本实战用到的软件主要是Photoshop。在整个设计过程中将使用"新建参考线版面"对话框、横排文字工具、矩形工具、直线工具、渐变工具、置入图像、蒙版、图层样式以及混合模式等。

资源位置

素材/第7章/实战演练/音乐类网页界面设计。

1. 制作页头

步骤01　启动Photoshop，单击"新建"按钮，在弹出的"新建文档"对话框中设置参数，如图7-30所示，单击"创建"按钮即可新建文档。

步骤02　选择"视图>新建参考线版面"命令，在弹出的"新建参考线版面"对话框中设置参数，如图7-31所示。

微课视频

图7-30

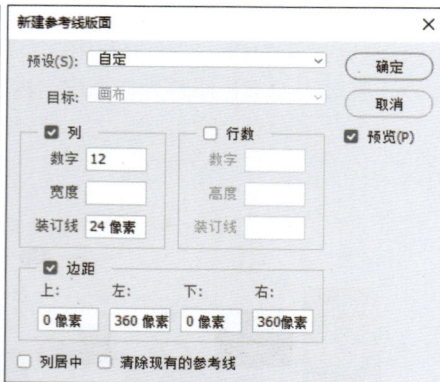

图7-31

步骤03　选择"视图>新建参考线"命令，在弹出的"新建参考线"对话框中设置"位置"为"100像素"，如图7-32所示。

步骤04　分别置入图标和文字，并将其调整至合适的大小，放置在左上角，如图7-33所示。

图7-32　　　　　　　　　　　　　图7-33

步骤05　选择"矩形工具"，绘制矩形，在"属性"面板中设置圆角参数，效果如图7-34所示。

步骤06　选择"横排文字工具"，输入文字，在"属性"面板中设置参数，效果如图7-35所示。

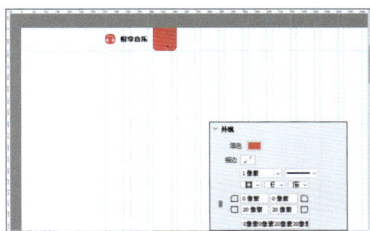

图7-34　　　　　　　　　　　　　图7-35

步骤07　将字号设置为18，颜色设置为#666666，输入4组文字，选择4组文字，在选项栏中单击"水平分布"∎按钮，效果如图7-36所示。

图7-36

步骤08　选择"矩形工具"，绘制矩形，在"属性"面板中设置描边颜色为#999999，粗细为2px，填充为无，圆角半径为10px，效果如图7-37所示。

图7-37

步骤09　选择"自定形状工具"，在选项栏中选择形状"Web-搜索"，置入形状并将其调整至合适的大小，设置描边颜色为#999999，选择"横排文字工具"，输入文字，字号设置为16，效果如图7-38所示。

图7-38

步骤10　按住Alt键移动复制"客户端"，更改文字内容为"登录"，效果如图7-39所示。

图7-39

步骤11　选择"矩形工具"，绘制矩形，按住Alt键移动复制"搜索歌曲、歌手、MV"，更改文字内容为"充值中心"，颜色设置为白色。选择"三角形工具"，绘制三角形并填充为白色，效果如图7-40所示。

图7-40

步骤12　选择"直线工具"，按住Shift键绘制直线，颜色设置为#eeeeee，效果如图7-41所示。

图7-41

步骤13　选择"视图>新建参考线"命令，在弹出的"新建参考线"对话框中设置"位置"为"140像素"，如图7-42所示。

图7-42

步骤14　按住Alt键移动复制"我的音乐"，更改文字后继续复制6次，分别更改文字，效果如图7-43所示。

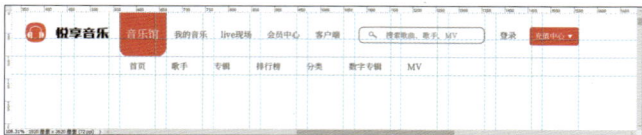

图7-43

步骤15　更改"首页"文字颜色，效果如图7-44所示。

图7-44

微课视频

2. 制作Banner

步骤01　选择"视图>新建参考线"命令，在弹出的"新建参考线"对话框中设置"位置"为"710像素"，效果如图7-45所示。

步骤02　选择"矩形工具"，绘制矩形，效果如图7-46所示。

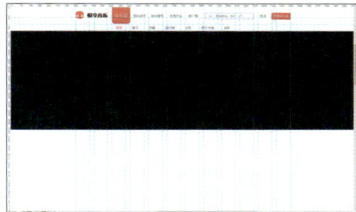

图7-45　　　　　　　　　　　　图7-46

步骤03　置入素材，按Ctrl+Alt+G组合键创建剪贴蒙版，效果如图7-47所示。

步骤04　选择"矩形工具"，绘制矩形，调整不透明度为80%，效果如图7-48所示。

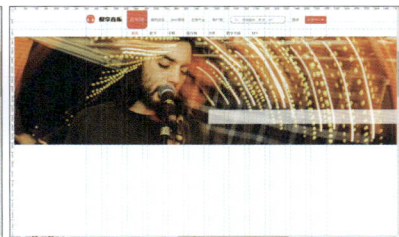

图7-47　　　　　　　　　　　　图7-48

步骤05　单击"添加图层蒙版" ◾ 按钮后，选择"渐变工具"，调整显示效果，效果如图7-49所示。

步骤06　选择"横排文字工具"，输入文字，在"属性"面板中设置参数，如图7-50所示。

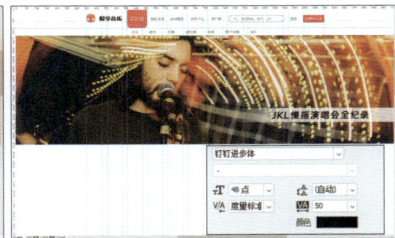

图7-49　　　　　　　　　　　　图7-50

步骤07　选择"椭圆工具"，绘制白色正圆，按住Alt键移动复制，效果如图7-51所示。

步骤08　更改从右到左第3个正圆的颜色，效果如图7-52所示。

图7-51　　　　　　　　　　　　图7-52

3．制作内容区域

步骤01 选择"横排文字工具"，输入文字，在"属性"面板中设置参数（颜色为#333333），如图7-53所示。

步骤02 输入5组文字，字号为20点，颜色为#666666，效果如图7-54所示。

微课视频

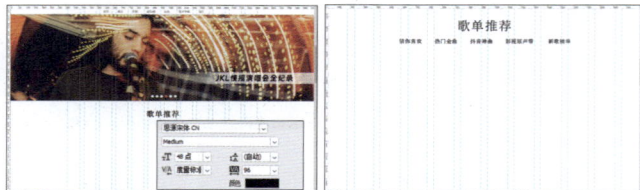

图7-53　　　　　　　　　　　图7-54

步骤03 更改"猜你喜欢"文字颜色为#333333，效果如图7-55所示。

步骤04 选择"圆角矩形工具"绘制圆角矩形，圆角半径为10px，效果如图7-56所示。

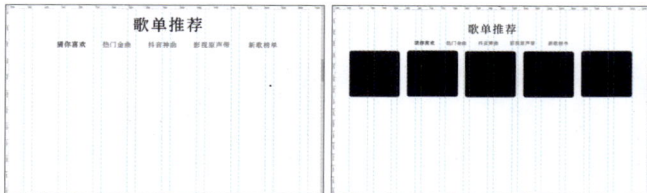

图7-55　　　　　　　　　　　图7-56

步骤05 在5个圆角矩形中分别置入素材图像，创建剪贴蒙版后调整显示大小，如图7-57所示。

步骤06 选择"圆角矩形工具"，绘制圆角矩形，圆角半径为10px，设置混合模式为"正片叠底"，选择"横排文字工具"，输入文字，按住Alt键移动复制并更改文字内容，效果如图7-58所示。

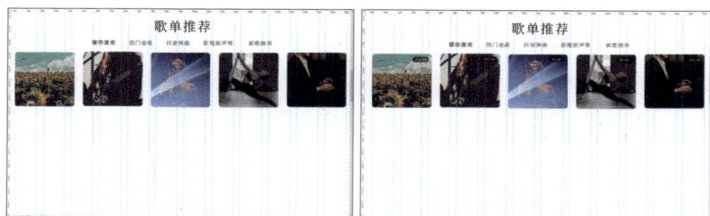

图7-57　　　　　　　　　　　图7-58

步骤07 选择"横排文字工具"，输入文字，字号设置为14，如图7-59所示。

步骤08 按住Alt键移动复制"歌单推荐"并更改文字内容，选择"圆角矩形工具"，绘制圆角矩形，圆角半径为10px，效果如图7-60所示。

图7-59　　　　　　　　　　　图7-60

步骤09 在两个圆角矩形中分别置入素材图像，创建剪贴蒙版后调整显示大小，如图7-61所示。

步骤10 选择"圆角矩形工具"，绘制圆角矩形，左侧上下圆角半径为15px，选择"横排文字工具"，输入文字，字号设置为24，效果如图7-62所示。

图7-61

图7-62

步骤11 选择"圆角矩形工具"和"横排文字工具"，制作创意标题文字，效果如图7-63所示。

步骤12 选择"矩形工具"，绘制矩形，填充颜色设置为#f6f6f6，将其置于底层，效果如图7-64所示。

图7-63

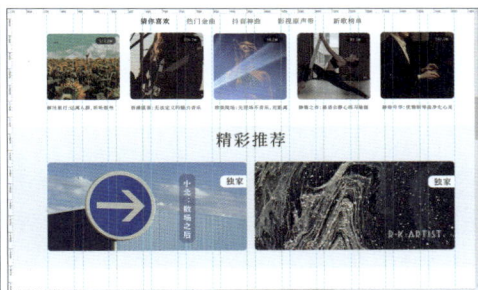

图7-64

步骤13 按住Alt键移动复制Banner区域的圆形，更改部分圆形的颜色，效果如图7-65所示。

步骤14 按住Alt键移动复制"精彩推荐"文字，更改文字内容为"MV"，选择"矩形工具"，绘制矩形，置入素材并创建剪贴蒙版，选择"横排文字工具"，输入文字，效果如图7-66所示。

图7-65

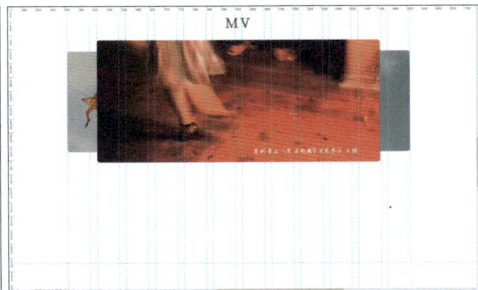

图7-66

步骤15 选择上方的矩形，双击图层，在弹出的"图层样式"对话框中设置参数，如图7-67所示。

步骤16　复制该图层样式，选择下方矩形图层，粘贴图层样式，效果如图7-68所示。

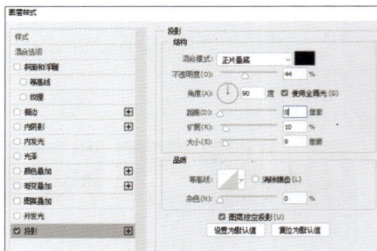

图7-67

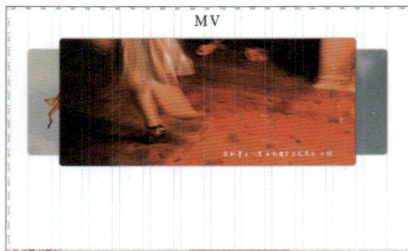

图7-68

步骤17　按住Alt键移动复制"精彩推荐"区域中下方的背景，按住Alt键移动复制"歌单推荐"区域，更改文字和图片，将原先处于右上角的图标移动到右下方，将内容更改为日期，效果如图7-69所示。

步骤18　按住Alt键移动复制2组，效果如图7-70所示。

图7-69

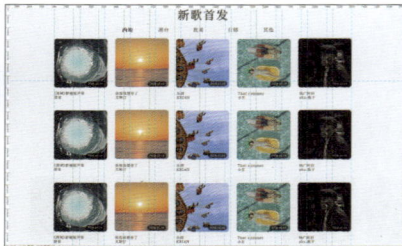

图7-70

步骤19　分别更改图片和文字，效果如图7-71所示。

步骤20　按住Alt键移动复制"其他"，更改为"更多"，选择"钢笔工具"绘制路径，填充描边路径（参数为黑色、1px、硬边缘），效果如图7-72所示。

图7-71

图7-72

4．制作页脚

步骤01　选择"矩形工具"，绘制矩形并填充颜色（#666666），效果如图7-73所示。

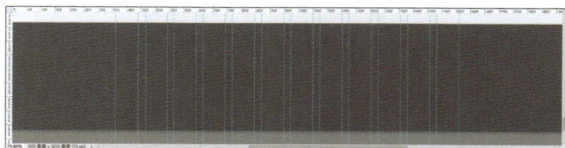

图7-73

微课视频

步骤02　选择"横排文字工具"，输入文字（第一行字号为24点，其他行为18点），效果如图7-74所示。

图7-74

步骤03 置入素材，效果如图7-75所示。

图7-75

步骤04 选择"直线工具"，按住Shift键绘制直线，颜色设置为#eeeeee，效果如图7-76所示。

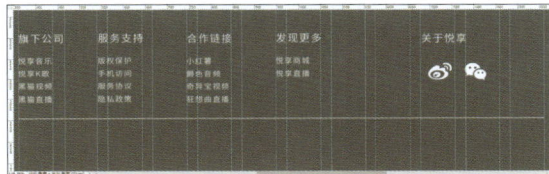

图7-76

步骤05 选择"横排文字工具"，输入文字（字号为14点），效果如图7-77所示。

图7-77

最终效果如图7-78所示。

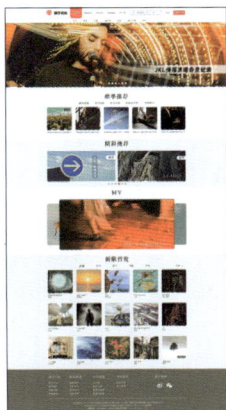

图7-78

课后练习：制作游戏网页首页

练习目标

本练习将使用矩形工具、椭圆工具、钢笔工具、剪贴蒙版、图层面板、混合模式等制作网页首页，如图7-79所示。

资源位置

素材\第7章\课后练习\制作游戏网页首页。

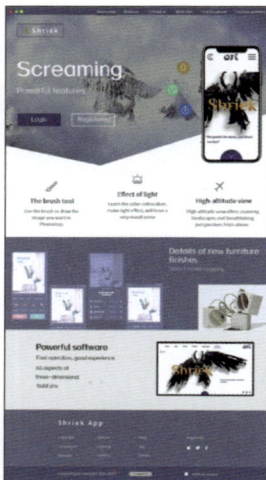

图7-79

操作提示如下。

步骤01　置入素材添加图层样式，绘制不规则形状后创建剪贴蒙版，使用矩形工具、文字工具以及钢笔工具输入文字并绘制形状，效果如图7-80所示。

步骤02　使用矩形工具绘制区域背景，置入素材后更改图像混合模式，使用文字工具输入文字，效果如图7-81所示。

步骤03　使用矩形工具绘制区域背景，置入素材后使用文字工具输入文字，效果如图7-82所示。

步骤04　使用矩形工具绘制区域背景，使用文字工具输入文字，置入素材图标，更改其大小和颜色，效果如图7-83所示。

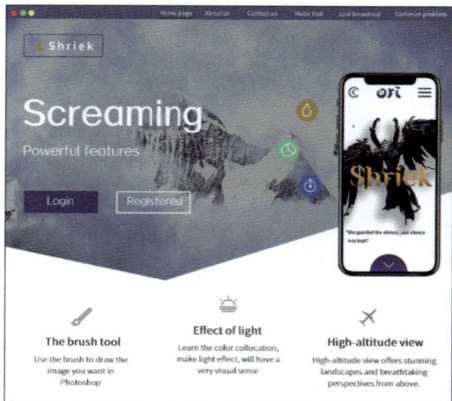

图7-80

图7-81

图7-82

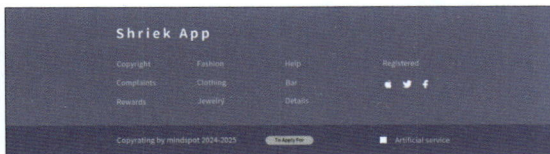

图7-83

知识拓展

Q1：常见的网站类型有哪些？

A：常见的网站可以分为C端和B端。C端是面向用户和消费者，以用户和消费者为中心进行设计的，例如淘宝、爱奇艺、华为官网、网易云音乐等，如图7-84所示。

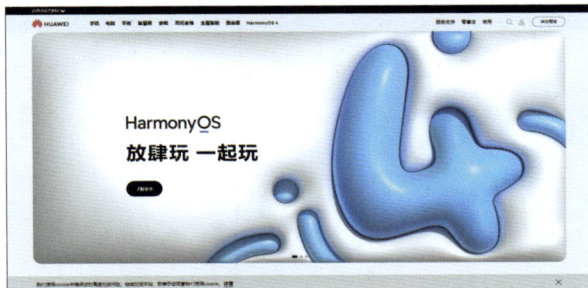

图7-84

B端则面向商家和专业人士，侧重于提升效率，在设计上比较简单，例如企业内部ERP（Enterprise Resource Planning，企业资源计划）管理系统、微信公众平台等。

Q2：响应式网页设计有哪些特点？

A：响应式网页设计可以确保网页能够同时适配PC端及移动端，给予用户一致的操作体验。响应式网页的内容宽度可以为1920px、1024px和640px。

第 **8** 章

应用软件
界面设计

内容导读

　　应用软件是指和系统软件相对应的软件，是为了满足不同领域、不同问题的应用需求而设计的软件。应用软件具有广泛的用途，可以细分为办公室软件、互联网软件、多媒体软件、分析软件、协作软件以及商务软件等。

8.1　常见的应用软件界面

常见的应用软件界面有启动页、着陆页、集合页、主/细节页、详细信息页及表单页。

8.1.1　启动页 　🔍

启动页指的是在用户等待程序启动时呈现的界面，部分软件打开时会直接跳转至着陆页。启动页可以使用软件标志呈现，也可以使用插画形式呈现，总之需选用象征性强且识别度高的图像，如图8-1所示。若使用摄影图像作为启动页对应图像应进行后期处理，以体现软件的个性化特征。

图8-1

系列软件在启动时应在启动页标注公司标志、产品商标、软件名称、版本号、网址、版权声明、序列号等信息，以树立软件形象，方便使用者或购买者在软件启动的时候得到提示，如图8-2所示。

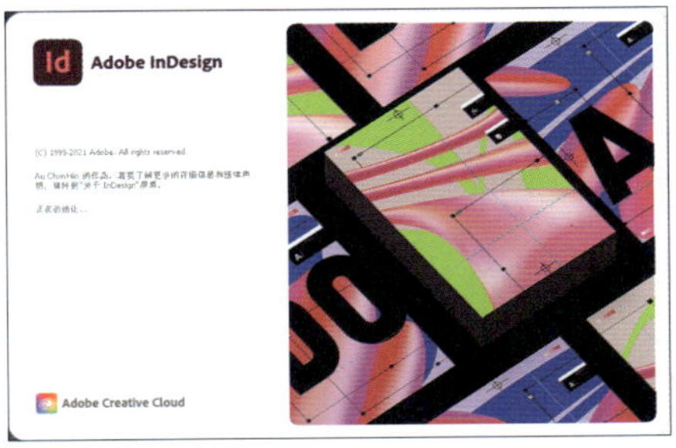

图8-2

8.1.2　着陆页 　🔍

着陆页又称为"陆地页"，是在用户使用软件时最先出现的页面。在软件界面中，着陆页使用大面积的设计区域凸显用户可能要浏览和使用的内容，如图8-3所示。

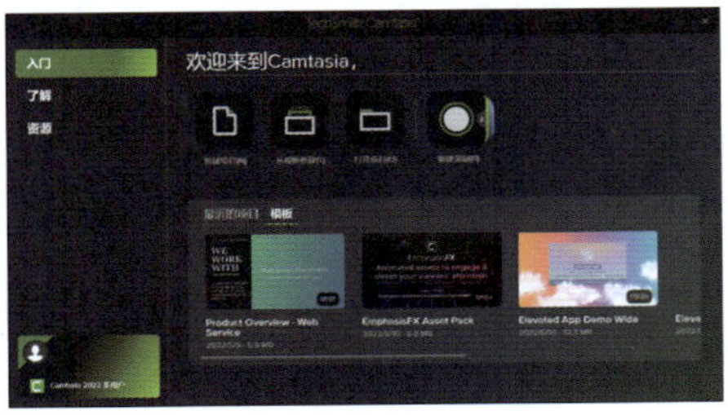

图8-3

8.1.3 集合页

集合页是产品功能布局常用的一种信息聚类和归集方式，其中包括各种不同的功能。不同类型的产品集合页有着不一样的布局和价值。在产品集合页中，使用项目名称可以访问集合中的具体项目。其中，网络视图适用于包含照片或以媒体为中心的内容，列表视图则适用于包含文本或数据密集型的内容，如图8-4所示。

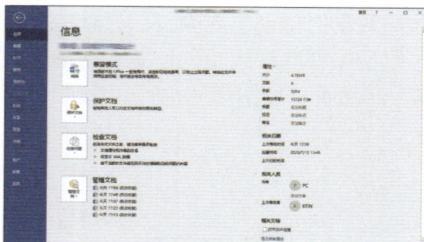

图8-4

8.1.4 主/细节页

主/细节页由列表视图（主）和内容视图（细节）共同组成，两个视图都是固定的且可以垂直滚动。当选择列表视图中的项目时，内容视图会对应更新内容，如图8-5所示。

图8-5

8.1.5 详细信息页

当用户要查看某个项目的详细内容时，可以在主/细节页上单击以打开新页面——详细信息页，滚动并查看该页面，此时列表视图的项目保持原状，如图8-6所示。

图8-6

8.1.6 表单页

表单页由一组控件组成，用于收集和提交来自用户的数据。大多数应用将表单页用于页面设置、账户创建、反馈中心等，如图8-7所示。

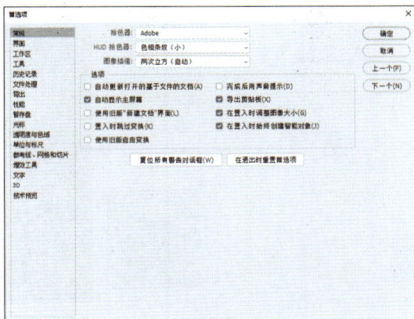

图8-7

8.2 软件界面设计详解

软件界面设计是界面设计的一个分支，主要针对软件界面进行交互操作逻辑、用户情感化体验、界面元素美观的整体设计。

8.2.1 软件界面设计原则

基于微软软件设计规范Fluent Design System的简要概述，我们总结了软件界面设计三大原则，分别是自适应、引人共鸣、美观。

1. 自适应

Fluent Design System鼓励通过对不同尺寸断点的设计来降低适配不同尺寸设备的难度，然后通过动态变化的布局自动适应屏幕尺寸，使软件界面在每种设备的界面上都显得自然，如图8-8所示。

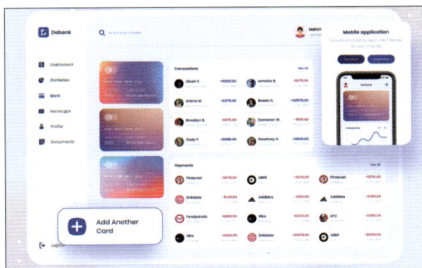

图8-8

应用秘技

断点是自定义屏幕的宽度范围。在不同宽度范围下确定不同的布局规则，是为了使界面适应不同的设备和屏幕尺寸。

2. 引人共鸣

引人共鸣的原则是指使用人们熟悉的交互元素及根据使用场景进行正确的设计。在进行设计时应了解和预测用户需求，并根据用户的行为和意图进行调整，当某个体验的行为方式符合用户的期望时，界面就显得很直观，如图8-9所示。

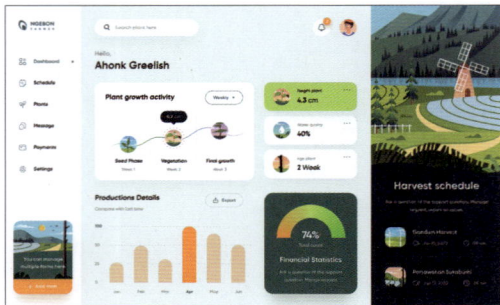

图8-9

3. 美观

Fluent Design System主张运用光线、阴影、动作、深度和纹理这5个主要元素来构建UI，体现真实物理世界的规律和准则，以符合用户的审美和期望，创造更加自然的用户体验。

光线可以凸显UI元素，聚焦用户操作区域；阴影可以制作高度落差，使UI元素更有层次感，如图8-10所示。动作可以帮助用户在页面跳转和内容变换时获得更加连贯和流畅的体验。通过远慢近快的视距差，可以营造具有立体感的深度，帮助用户快速区分页面内容。此外，通过模仿自然界中的材料和表面纹理，使用户在视觉上体验到更加丰富的界面细节，增强对界面元素的感知和理解。

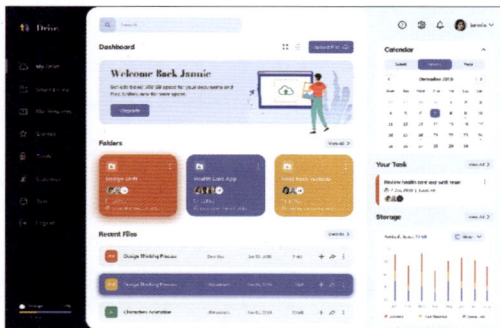

图8-10

应用秘技

Fluent Design System是用于创建自适应、引人共鸣且美观的UI的编译系统。有了Fluent Design System的助力，能够大大减少UWP（Universal Windows Platform，通用Windows平台）应用的开发周期，并且让开发者能够处理在同一系统不同设备之间的差异情况。

8.2.2　软件界面框架类型

软件界面主流的框架可以分为以下3种类型。

● 界面顶部为命令栏，左侧为导航，其他区域为单击工具栏/导航后对应的内容交互区域，如图8-11所示。

图8-11

● 界面顶部无命令栏，左侧依次是一级和二级导航/操作区域，右侧是内容交互区域，如图8-12所示。

图8-12

● 界面顶部为命令栏和顶部导航，下面则是内容交互区域，如图8-13所示。

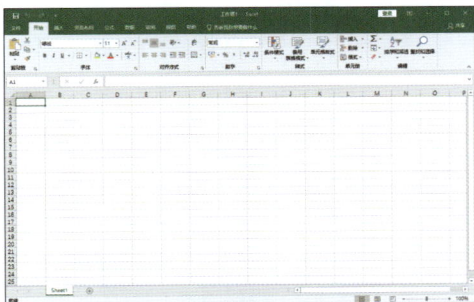

图8-13

8.3 Windows设计规范

Windows是微软公司以GUI为基础设计的操作系统，主要运用于计算机、手机等设备。了解Windows的设计规范可以更好地进行UI设计。

8.3.1 界面框架

软件界面主要分为标题栏、导航栏、内容区和命令栏，如图8-14所示。

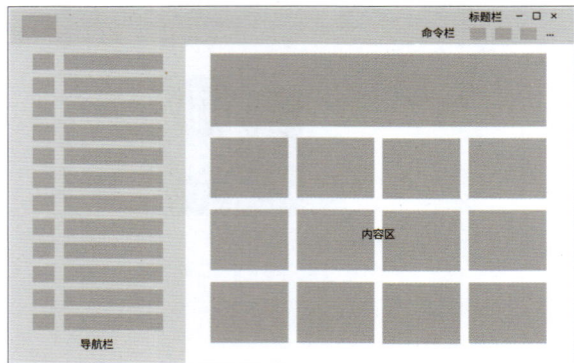

图8-14

- 标题栏：位于基础层上应用窗口的顶部，用于帮助用户通过标题识别应用、移动应用窗口以及最小化、最大化或关闭应用。
- 命令栏：通常位于应用窗口的顶部，紧挨着标题栏下方，或者位于窗口的其他显著位置。它包含常用的操作命令和功能按钮，方便用户快速访问。
- 导航栏：用于放置软件图标和导航栏目，可分为左侧导航和顶部导航。
- 内容区：用于显示所选导航类别的大部分信息的区域。

8.3.2 设计规范详解

下面将对软件界面设计的设计基准尺寸以及标题栏、命令栏、导航栏与内容区的设计规范进行介绍。

1. 设计基准尺寸

软件界面设计基准尺寸主要和两个因素有关，这两个因素是计算机显示器的分辨率与软件界面设计的分辨率。例如，一款设备的分辨率是1920px×1080px，则设备显示器的水平方向上会有1920个像素，垂直方向上会有1080个像素。

在针对特定断点进行设计时，应针对应用的屏幕可用空间大小进行设计，而不应针对空间大小进行设计。当应用被最大化运行时，应用窗口的大小与屏幕的大小相同，如图8-15所示。

当还原应用时，应用窗口的大小则小于屏幕的大小，如图8-16所示。

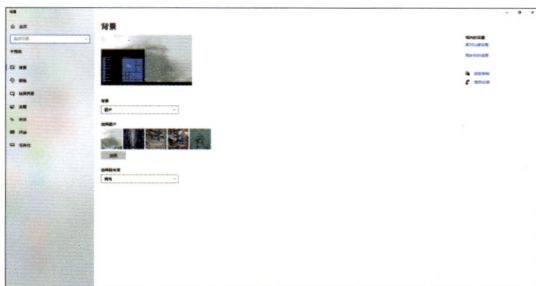

图8-15

图8-16

应用秘技

在计算机桌面空白处右击，在弹出的快捷菜单中选择"查看>隐藏桌面图标"即可隐藏桌面图标。

不同级别的设备窗口大小如表8-1所示。

表8-1

级别	断点	典型屏幕大小（对角线）	设备	窗口大小
小	≤640px	4~6in、20~65in	手机、电视	320px×569px
				360px×640px
				480px×854px
中	641~1007px	7~12in	平板电脑	960px×854px
大	≥1008px	≥13in	计算机、笔记本电脑、Surface Hub	1024px×640px
				1366px×768px
				1920px×1080px

2. 标题栏

标题栏的标准设计高度为32px，图标高度为16px。标题栏的控件除了标题文本，还包括最小化、最大化以及关闭按钮，如图8-17所示。若存在后退堆栈，则可将后退按钮放置在应用图标或图像组合的左侧，紧邻标题文本，以便用户能够快速访问和操作，如图8-18所示。

图8-17　　　　图8-18

应用秘技

按钮背景颜色不适合用于关闭按钮的悬停和按下状态，在这些状态下的关闭按钮始终使用系统定义的颜色。

3. 命令栏

命令栏中的图标大小为20px×20px，如图8-19所示；在溢出菜单（Overflow Menu）中，图标按16px×16px的大小显示。

图8-19

4. 导航栏

常见的导航栏有左侧导航和顶部导航两种。

（1）左侧导航

当导航中有超过5个导航栏目或应用程序超过5个界面时，建议使用左侧导航，如图8-20所示。导航内容通常包含导航栏目、应用设置栏目以及账户设置栏目，内容边距为56epx。左侧导航窗格包括但不限于"菜单"按钮、导航器、分割器、标头、AutoSuggestBox、设置按钮等。

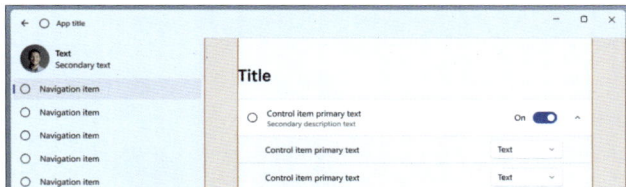

图8-20

应用秘技

有效像素（Effective Pixel，简写为epx）是一个虚拟度量单位，用于表示布局尺寸和间距（独立于屏幕密度）。

（2）顶部导航

顶部导航可以用在内容区的顶部，置于命令的同一行，如图8-21所示。顶部导航包括但不限于表头、导航器、分割器、AutoSuggestBox、设置按钮等。

图8-21

5. 内容区

内容区在最小模式下使用边距为12px的区域，其他情况下内容的边距为24px，如图8-22所示。

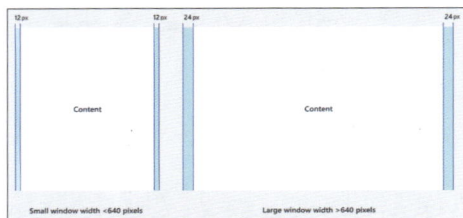

图8-22

内容区使用文字和图标进行填充。下面对文字、图标的使用规范进行讲解。

（1）文字

Segoe UI Variable是Windows 的新系统字体，如图8-23所示。它是对经典Segoe字体的全新演绎。它使用可变字体技术在非常小的尺寸下动态提供出色的易读性，并在显示尺寸下改进轮廓。

图8-23

Windows对UI中的各种类型的文本使用以下设置，如表8-2所示。

表8-2

属性	字重	大小/线高
Caption	Small	12/16epx
Body	Text	14/20epx
Body Strong	Text Semibold	14/20epx
Body Large	Text	18/24epx
Subtitle	display Semibold	20/28epx
Title	display Semibold	28/36epx
Title Large	display Semibold	40/52epx
Display	display Semibold	68/92epx

根据显示文本的上下文使用具有以下属性的Segoe UI Variable，如表8-3所示。

表8-3

属性	内容	说明
字重	常规粗体、半粗体	大多数文本使用常规粗体，标题使用半粗体
对齐方式	左对齐、居中对齐	默认左对齐，极少情况下居中对齐
最小值	14px半粗体、12px常规	小于这些值的情况下难以辨认
大小写	句子大小写	欧洲和中东语言脚本
截断	省略号和剪裁	大多数情况下使用省略号，极少情况下使用剪裁

（2）图标

Windows中的图标有3种类型：应用程序、系统及文件类型。下面对应用程序图标和系统图标进行介绍。

应用程序图标是用于帮助用户查找和启动应用程序的可视指示器，图标位置示意如图8-24所示。

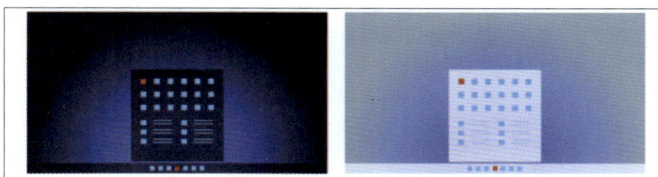

图8-24

应用程序图标显示在 Windows中的各种位置，例如：

- "开始"菜单；
- "开始"菜单的"所有应用"列表；
- 任务栏；
- 初始桌面；
- 应用标题栏；
- 搜索结果；
- 通知；
- "打开"列表；
- 任务管理器；
- 跳转列表（JumpLists）；
- 设置；
- "共享"对话框。

当Windows 显示应用程序图标时，它将首先查找确切的大小匹配项。如果没有完全匹配项，它将查找上一个大小并缩减图标大小。在应用中包含更多图标意味着 Windows 更具有像素完美匹配功能，并可以减少应用于缩放图标的缩放。Windows 11的图标比例如表8-4所示。

表8-4

图标匹配项	图标大小						
Windows 11比例系数	100%	125%	150%	200%	250%	300%	400%
上下文菜单、标题栏、系统托盘	16px	20px	24px	32px	40px	48px	64px
任务栏、搜索结果、启动所有列表	24px	30px	36px	48px	60px	72px	96px
起始引脚	32px	40px	48px	64px	80px	96px	256px

应用秘技

　　应用程序图标应该至少具有16px×16px、24px×24px、32px×32px、48px×48px和256px×256px这几种尺寸，其中涵盖了常见的图标大小。通过提供256px×256px的图标，可以确保Windows 仅纵向缩小图标，永远不会纵向放大图标。

　　Windows 11中引进了新的系统图标——Segoe Fluent 图标，如图8-25所示。Segoe Fluent 图标中的所有字型都以单行样式绘制。每个字体标志符号都经过设计，它们占用的图标区域为方形。字号为16px的图标相当于16px×16px的图标，使大小调整和位置更具可预测性。

图8-25

　　微软使用Segoe MDL2 Assets字体提供了1000多个图标，部分图标如图8-26所示。从字体获取图标可能并不直观，但使用Windows 字体显示技术可让这些图标在任何显示器上，以任何分辨率和任何大小来显示都很清晰。

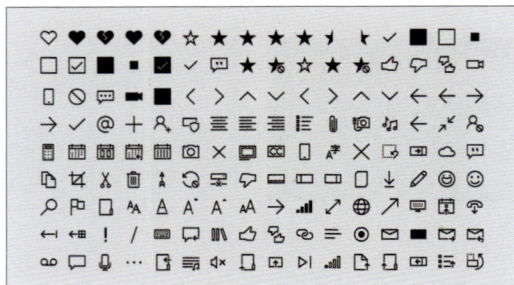

图8-26

实战演练：音乐类应用软件界面设计

实战目标

　　本实战用到的软件主要是Illustrator。在整个设计过程中将使用文字工具、矩形工具、直线段工具、渐变工具、置入图像及剪贴蒙版等。

资源位置

　　素材\第8章\实战演练\音乐类应用软件界面设计。

1．绘制功能图标

步骤01　启动Illustrator，打开"栅格"文档，如图8-27所示。

步骤02　选择"画板工具"，按住Alt键移动复制30个，效果如图8-28所示。

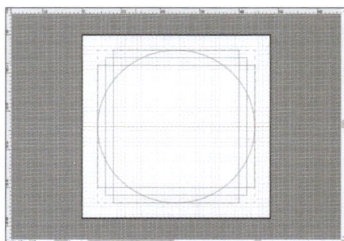　　　　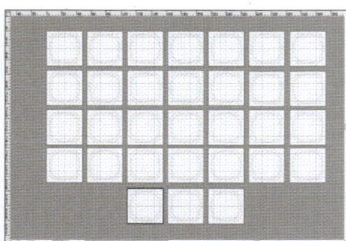

图8-27　　　　　　　　　　图8-28

步骤03　使用钢笔工具、矩形工具、椭圆工具、吸管工具等绘制图标，效果如图8-29所示。

步骤04　隐藏栅格，将图标导出为PNG格式图像，如图8-30所示。

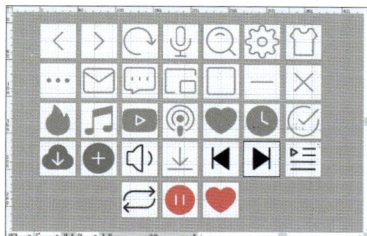

图8-29

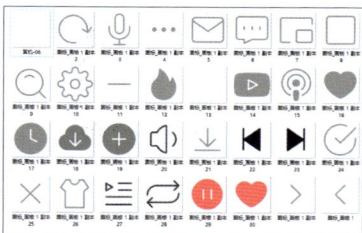

图8-30

2. 制作标题栏和命令栏

步骤01 按Ctrl+N组合键，在弹出的"新建文档"对话框中设置参数，如图8-31所示，单击"创建"按钮即可新建文档。

步骤02 按Ctrl+R组合键显示标尺，如图8-32所示。

微课视频

图8-31

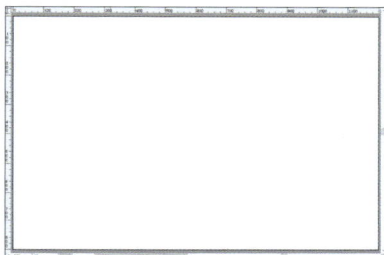

图8-32

步骤03 分别在X值为210px、Y值为64px及732px处创建参考线，如图8-33所示。

步骤04 置入素材Logo，调整其大小为24px×24px，如图8-34所示。

图8-33

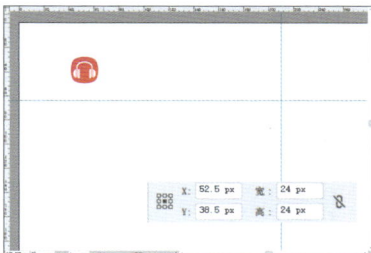

图8-34

步骤05 继续置入素材并调整大小，将高调整为19px，效果如图8-35所示。

步骤06 在Y值为46px处创建水平参考线，效果如图8-36所示。

图8-35

图8-36

步骤07 置入素材并调整宽、高各为20px，调整不透明度为50%，效果如图8-37所示。

图8-37

步骤08 继续置入素材，调整宽、高各为16px，效果如图8-38所示。

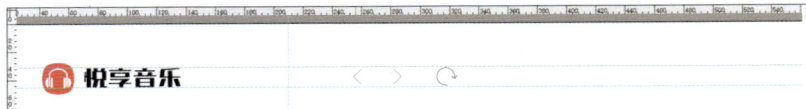

图8-38

步骤09 选择"圆角矩形工具"，绘制全圆角矩形，效果如图8-39所示。

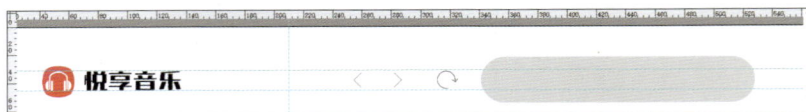

图8-39

步骤10 继续置入素材，调整宽、高各为16px，效果如图8-40所示。

图8-40

步骤11 选择"文字工具"，输入文字，设置字号（12px）和颜色（R为170、G为170、B为170），效果如图8-41所示。

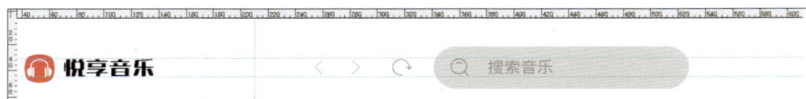

图8-41

步骤12 置入素材，调整大小，效果如图8-42所示。

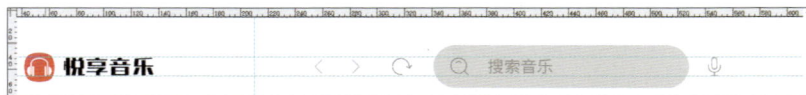

图8-42

步骤13 选择"椭圆工具"，绘制24px×24px的正圆，吸取素材Logo的颜色，给正圆填充颜色，效果如图8-43所示。

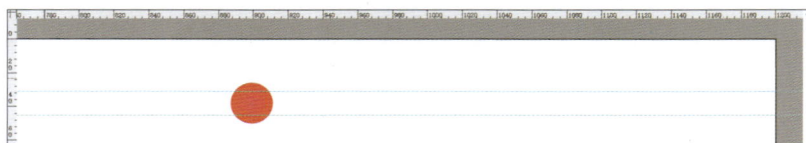

图8-43

步骤14 置入素材，调整宽、高各为12px，与正圆水平、垂直居中对齐，效果如图8-44所示。

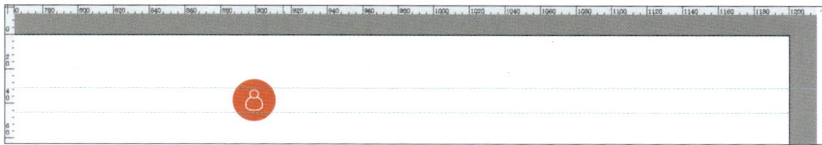

图8-44

步骤15 选择"文字工具"，输入文字，效果如图8-45所示。

图8-45

步骤16 置入素材并调整大小，效果如图8-46所示。

图8-46

步骤17 选择"直线段工具"，按住Shift键绘制直线，设置描边为1pt，效果如图8-47所示。

图8-47

3. 制作左侧导航

步骤01 选择"矩形工具"，绘制矩形并填充颜色（R为240、G为243、B为246），效果如图8-48所示。

步骤02 将该矩形图层置于底层，按Ctrl+2组合键锁定图层，效果如图8-49所示。

微课视频

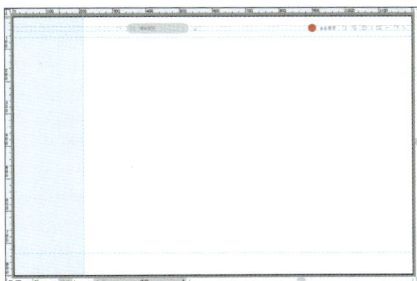

图8-48

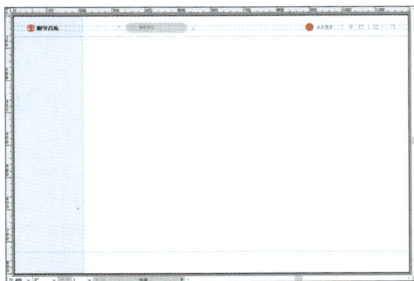

图8-49

步骤03 选择"文本工具"，输入文字，设置字号为12pt，效果如图8-50所示。
步骤04 置入素材并调整宽、高均为24px，效果如图8-51所示。

图8-50

图8-51

步骤05 选择"文本工具"，输入文字，设置字号为14pt，效果如图8-52所示。
步骤06 选中图标和文字，按住Alt键移动复制，按Ctrl+D组合键连续复制，效果如图8-53所示。

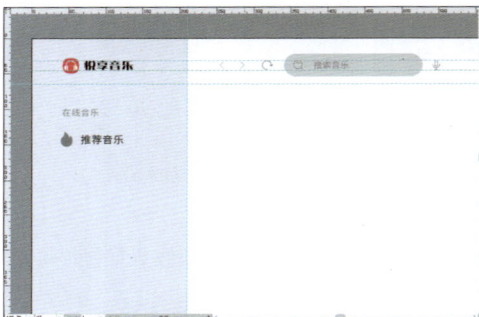

图8-52

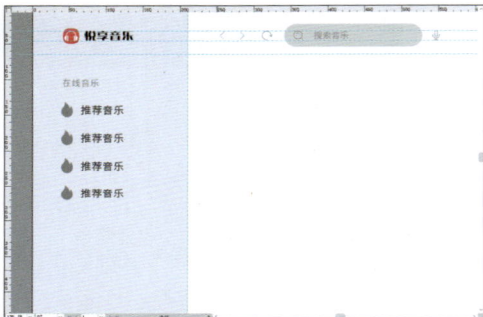

图8-53

步骤07 选择"窗口>链接"命令，在弹出的"链接"面板中分别重新链接图标，如图8-54所示。
步骤08 更改文字，效果如图8-55所示。

图8-54

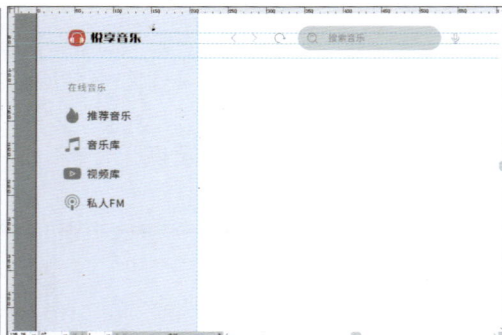

图8-55

步骤09 框选在线音乐部分的图标和文字，按住Alt键移动复制，效果如图8-56所示。
步骤10 更改文字和图标，效果如图8-57所示。

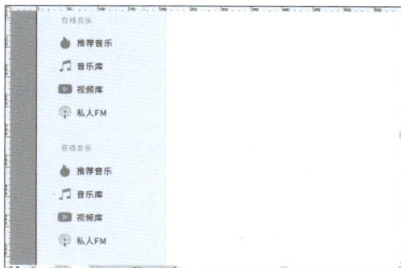
图8-56

图8-57

步骤11 按住Alt键移动复制"我的音乐",更改文字内容,效果如图8-58所示。

步骤12 选择"直线段工具",绘制直线段,设置描边为0.75pt,效果如图8-59所示。

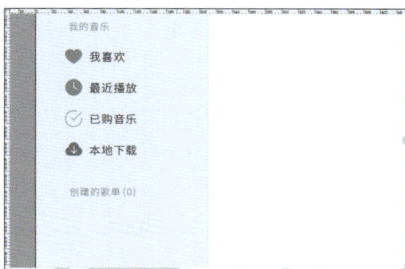
图8-58

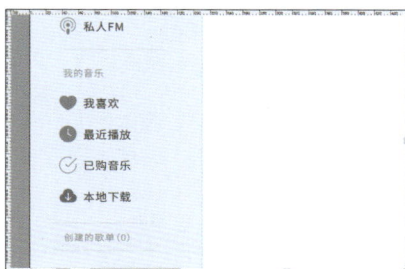
图8-59

步骤13 置入素材并调整宽、高均为16px,不透明度为20%,效果如图8-60所示。

步骤14 选择"圆角矩形工具",绘制圆角矩形,圆角半径为8px,效果如图8-61所示。

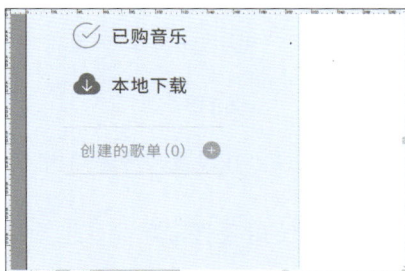
图8-60

图8-61

步骤15 将文字颜色更改为白色,效果如图8-62所示。

步骤16 在"链接"面板中,单击"在Photoshop中编辑" 在 Photoshop 中编辑 按钮,跳转至Photoshop,如图8-63所示。

图8-62

图8-63

步骤17　双击该图层，在弹出的"图层样式"对话框中选择"颜色叠加"选项，叠加白色，如图8-64所示。按Ctrl+S组合键保存，按Ctrl+W组合键关闭Photoshop软件。

效果如图8-65所示。

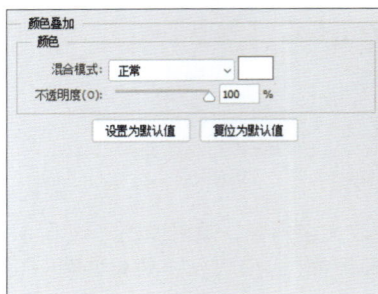

图8-64　　　　　　　　　　　　　图8-65

微课视频

4. 制作内容区

步骤01　选择"文字工具"，输入6组文字，字号设置为18pt，效果如图8-66所示。

步骤02　选择"分类歌单"，更改其字重（Medium）和颜色（黑色），效果如图8-67所示。

图8-66　　　　　　　　　　　　　图8-67

步骤03　选择"直线段工具"，绘制直线，设置描边为2pt并设置圆角端点和圆角连接效果，效果如图8-68所示。

步骤04　选择"圆角矩形工具"，绘制圆角矩形，使用吸管工具吸取搜索框的颜色，按Ctrl+X组合键互换填色和描边，效果如图8-69所示。

图8-68　　　　　　　　　　　　　图8-69

步骤05　按住Alt键移动复制文字，更改文字内容、字号（16px）、字重（Regular），效果如图8-70所示。

步骤06　按住Alt键复制左侧图标至"全部分类"后方，旋转90°，将透明度调整为

100%，效果如图8-71所示。

图8-70

图8-71

步骤07 调整圆角矩形的大小与半径，创建参考线，使圆角矩形与文字标题组左对齐，效果如图8-72所示。

步骤08 按住Alt键复制左侧"在线音乐" 在线音乐 ，并移动到合适的位置后更改文字，效果如图8-73所示。

图8-72

图8-73

步骤09 继续复制移动并更改文字，全选该步骤更改的文字，更改文字颜色为黑色，效果如图8-74所示。

步骤10 选择"圆角矩形工具"，绘制圆角矩形，在圆角矩形底部创建参考线，效果如图8-75所示。

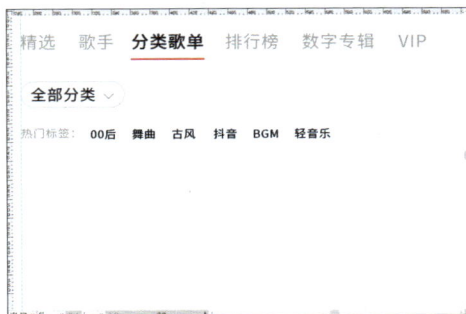

图8-74

图8-75

步骤11 按住Alt键移动复制圆角矩形，使两个圆角矩形水平居中对齐，效果如图8-76所示。

步骤12 继续绘制圆角矩形，按住Alt键移动复制3次，使它们水平居中分布，效果如图8-77所示。

图8-76

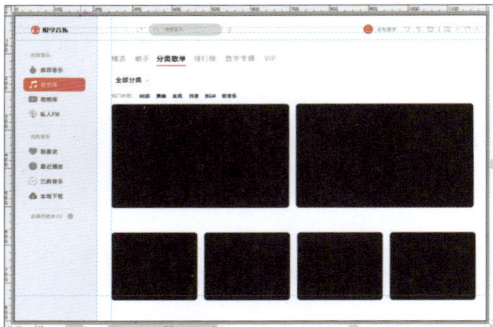

图8-77

步骤13　选择"文件>置入"命令，选择素材后，创建用于置入素材的区域，效果如图8-78所示。

步骤14　将素材置于底层后，右击，在弹出的快捷菜单中选择"建立剪贴蒙版"，效果如图8-79所示。

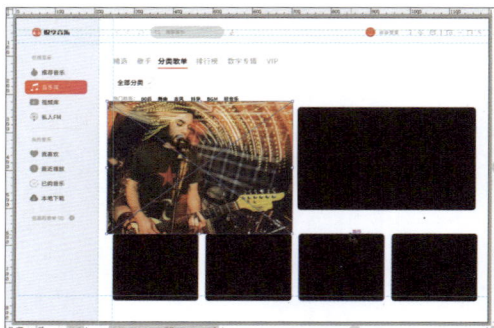

图8-78

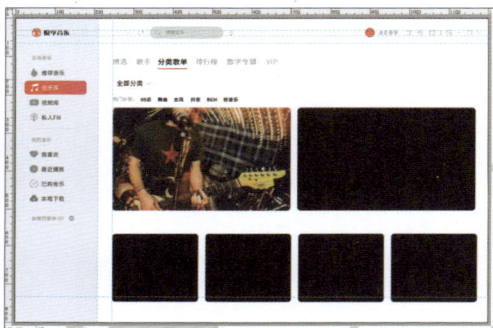

图8-79

步骤15　继续置入5张素材图像，分别建立剪贴蒙版，选中6个圆角矩形，按Ctrl+2组合键锁定图层，效果如图8-80所示。

步骤16　选择"圆角矩形工具"，绘制圆角矩形，填充颜色（R为137、G为137、B为137）后调整不透明度为50%，效果如图8-81所示。

图8-80

图8-81

步骤17　置入素材，调整宽、高各为20px，效果如图8-82所示。

步骤18　选择"文字工具"，输入文字，设置字体颜色为白色，字号为12pt，效果如图8-83所示。

图8-82　　　　　　　　　　　　　　　　图8-83

步骤19　选择"文字工具"，输入文字，设置字体颜色为黑色，字号为14pt，效果如图8-84所示。

步骤20　复制"热门标签"，移动位置后更改文字，效果如图8-85所示。

图8-84　　　　　　　　　　　　　　　　图8-85

步骤21　选择"收听"标签的文字和图标，按住Alt键水平移动，效果如图8-86所示。

步骤22　更改文字，如图8-87所示。

图8-86　　　　　　　　　　　　　　　　图8-87

步骤23　选中"收听"标签的文字和图标，移动复制4次，更改文字，效果如图8-88所示。

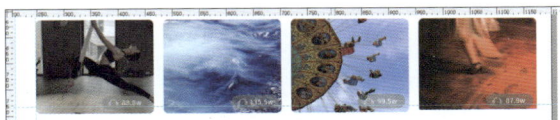

图8-88

步骤24　选择4组内容，将它们向上移动至其底部与参考线重合，按Ctrl+2组合键锁定图层，效果如图8-89所示。

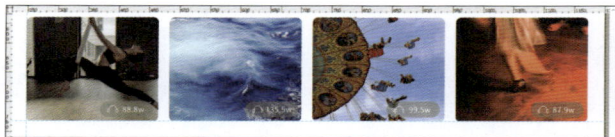

图8-89

步骤25 选择"矩形工具"，绘制矩形，按Ctrl+2组合键锁定图层，效果如图8-90所示。

图8-90

步骤26 选择"椭圆工具"，绘制20px×20px的正圆，效果如图8-91所示。

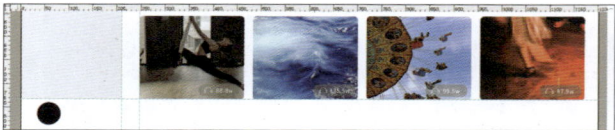

图8-91

步骤27 置入素材，调整图层顺序，建立剪贴蒙版，按Ctrl+2组合键锁定图层，效果如图8-92所示。

图8-92

步骤28 选择"文字工具"，输入文字，将字号分别设置为14pt、12pt，效果如图8-93所示。

图8-93

步骤29 置入素材并调整宽、高各为20px，效果如图8-94所示。

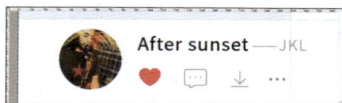

图8-94

步骤30 选择"圆角矩形工具"，绘制圆角矩形，高为3px，圆角半径为1.5px，复制后就地粘贴，然后隐藏刚才复制的图层，效果如图8-95所示。

图8-95

步骤31　选择"圆角矩形工具"，绘制全圆角矩形，置于底层后，创建剪贴蒙版，效果如图8-96所示。

图8-96

步骤32　显示隐藏的图层，效果如图8-97所示。

图8-97

步骤33　置入素材并调整其大小，其中，暂停图标宽、高为32px，其他图标宽、高均为24px，效果如图8-98所示。

图8-98

步骤34　选择"文字工具"，输入文字，字号设置为12pt，置入素材并调整宽、高各为14px，效果如图8-99所示。

图8-99

步骤35　选择播放组图标，按Ctrl+G组合键编组，居中对齐，然后将编组后的图标导出为JPG格式图像，如图8-100所示。

图8-100

课后练习：制作音乐类应用软件播放界面

练习目标

本练习将使用矩形工具、椭圆工具、"渐变"面板、文字工具、不透明度、"外观"面板等工具制作音乐类应用软件的播放界面，如图8-101所示。

资源位置

素材/第8章/课后练习/制作音乐类应用软件播放界面。

图8-101

操作提示如下。

步骤01 打开素材，删除不需要的素材，效果如图8-102所示。

步骤02 使用矩形工具绘制矩形并填充渐变，效果如图8-103所示。

步骤03 置于底层后调整已有素材，效果如图8-104所示。

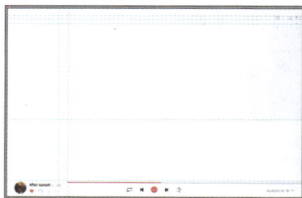

图8-102

图8-103

图8-104

步骤04 使用椭圆工具绘制3个正圆，填充黑色和白色，更改白色的透明度，将底层的正圆填充更改为无，效果如图8-105所示。

步骤05 使用矩形工具和正圆绘制形状，编组之后添加投影效果，效果如图8-106所示。

步骤06 使用文字工具输入文字，调整部分文字的不透明度，效果如图8-107所示。

图8-105

图8-106

图8-107

知识拓展

Q1：UWP是指什么？

A：UWP即Windows 10中Universal Windows Platform的简称，即通用Windows平台。在UWP应用中，UI元素的大小、边距和位置使用有效像素（epx）作为单位，并建议设置为4 epx的倍数，如图8-108所示。这样做是为了确保UI元素能够与屏幕像素完美对齐，从而保持UI元素（除了文本和某些特定位置外）的边缘清晰锐利。

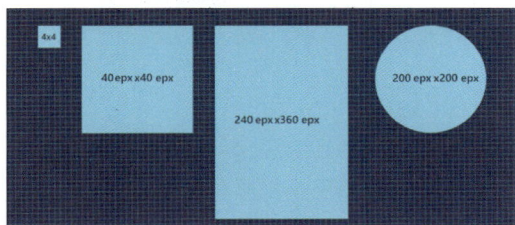

图8-108

Q2：应用软件可以理解为PC端的App，它的设计与移动端的App的设计有什么区别？

A：PC端和移动端的App都是我们日常会用到的，两端设计的区别如下。

● PC端的屏幕尺寸是移动端的4～6倍，屏幕上所呈现的信息层级和信息量有所不同。

● PC端为横屏，如图8-109所示。移动端为竖屏，如图8-110所示。屏幕比例不同导致它们的信息布局也会有所不同。

● PC端的使用场景通常是固定场所，多为办公室、咖啡厅等；移动端适用于处理紧急事务、日常休闲娱乐等，随时随地都可以使用，移动便携。

● PC端的交互方式和移动端的交互方式有所不同。其中，PC端的输入以鼠标和键盘输入为主，可以通过双击、右击、框选等方式与目标交互。移动端则以触摸方式和语音输入为主，触摸时可以长按、滑动等方式与目标交互。PC端的点击最小目标是24px×24px，间隔为8dp；移动端中Material Design规定的最小触摸目标为48dp×48dp，iSO为44dp×44dp。

图8-109

图8-110

附录A　在线UI设计工具MasterGo

A.1　认识MasterGo

MasterGo是支持多人协同工作的产品工具，拥有完善的界面和交互原型设计功能，可以通过一个链接完成大型项目的多人实时在线编辑、评审讨论和交付开发。在浏览器中搜索"MasterGo"进入官网，如图A-1所示。

图A-1

单击"前往工作台"按钮，进入MasterGo的主页，可创建和修改项目，也可以对项目和团队进行管理，右击任意文件，在弹出的菜单中可选择复制链接、分享、删除、重命名等，如图A-2所示。

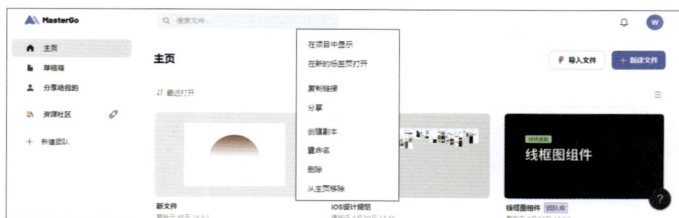

图A-2

注意事项：

删除的文件存放在"草稿箱"中的"回收站"中，可通过右击文件，在弹出的菜单中选择恢复或永久删除。

在主页中单击"导入文件"按钮，弹出"导入文件"对话框，如图A-3所示。

图A-3

该对话框中主要选项的功能介绍如下。

● 文件导入：可导入Figma、Sketch、XD以及图片文件。

● 　链接导入：复制Figma文件URL（Uniform Resource Locator，统一资源定位符）链接。

● 　Axure导入：将Axure（RP）文件发布为HTML（Hypertext Markup Language，超文本标记语言）文件，再压缩成ZIP格式后导入，通过修改扩展名或仅压缩部分内容的文件均无法成功导入。

在主页中单击"新建文件"按钮，进入工作界面，如图A-4所示。

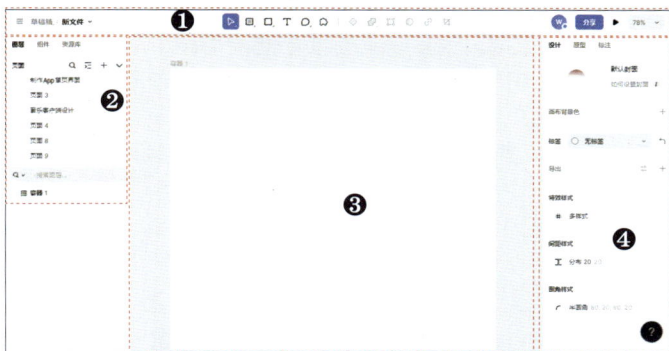

图A-4

❶ 工具栏：包含设计时可能使用的各种工具和功能。

❷ 图层栏：可查看页面、图层类型与状态，也可以切换至组件或资源库。

❸ 画布：可以向任意方向无限延伸，若要在画布中设置一个固定的画框，只需新建一个容器即可。

❹ 属性栏：在属性栏中可以查看和调整任何图像的属性。选择画布后，属性栏顶部有设计、原型、标注这3个选项，对应3种模式，通过切换不同模式来切换对应的属性设置。

应用秘技

　　首次打开文件时，视图默认的缩放比例为100%，可以使用"+""-"图标调整缩放比例，也可以在工具栏中设置缩放比例。

在作图时，经常需要测量图层边距、间距，以及调整图层的X、Y值。使用MasterGo中的标尺与参考线功能，可以更直观、精准地定位及度量图层与元素，统一格式、高效对齐。

1. 标尺

显示标尺的方法如下：

● 　单击右上角"菜单"按钮，在弹出的下拉菜单中选择"视图>显示标尺"；

● 　单击工具栏右侧视图百分比下拉按钮，在弹出的下拉菜单中选择"显示标尺"；

● 　按Shift+R组合键。

选中图层后，在标尺上会高亮显示图层在画布上投影的宽高和坐标值，可以直观地查看图层的X、Y值，如图A-5所示。

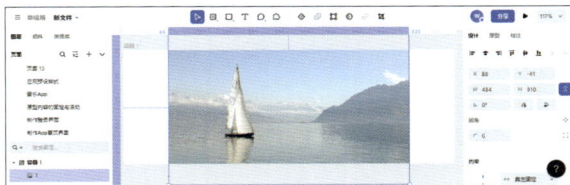

图A-5

MasterGo可显示"当前画布"和"根容器"两种相对坐标尺。

● 当前画布：以整个画布作为绝对坐标系，当没有选中容器或者没有选中容器内元素时，仅显示画布标尺。

● 根容器：以根容器左上角作为（0,0）的坐标系，当选中容器或容器内的元素时，显示容器标尺。

2. 参考线

参考线以浮动的形式显示在图像上方，常与标尺一起使用。和标尺一样，参考线也有画布和容器两种，它们可以在设计过程中帮助设计师精确地定位图像或对齐元素。

在标尺显示时，可以单击标尺区域，向画布或容器中拖曳出一条参考线。拖曳的参考线未进入容器时释放鼠标左键会创建画布参考线；拖曳的参考线进入容器后释放鼠标左键会创建容器参考线，如图A-6所示。

图A-6

可以通过拖曳更改画布参考线和容器参考线的位置，将参考线从画布拖曳到标尺区域，释放鼠标左键即可删除该条参考线，也可以选中参考线按Delete键删除该条参考线。

A.2 基础工具

MasterGo的工具栏中包含设计时可能使用的各种工具和功能。工具栏左侧统一为用于向画布置入内容的工具，右侧为对视图内容进行操作的工具，中间部分显示的内容取决于在画布上选择的内容，如图A-7所示。

图A-7

1. 选择工具组

选择工具组包括以下工具。

● 选择工具▷（快捷键V）：打开页面时，默认选中该工具，可以通过它选择并拖曳画布上的任意内容。

● 等比缩放工具☑（快捷键K）：鼠标指针悬停在"选择工具"上，在其子菜单中显示该工具。使用该工具可以按照原图比例缩放图形，按住Alt键可从图形中心等比例缩放。

● 移动视图工具✋（快捷键H）：鼠标指针悬停在"选择工具"上，在其子菜单中显示该工具。使用该工具可以任意拖曳画布查看所有的图像，而不改变图像的位置。

2. 容器工具组

容器通常用来表示创作界面的屏幕。MasterGo中的容器工具功能非常强大，除了可以像传统设计软件中的画板那样划定界面的范围，也可以为界面添加布局网格、圆角填充等。可以在容器中嵌套另一个容器。

选择容器工具，可以在画布中拖曳鼠标创建自定义大小的容器（见图A-8）或单击画布创建默认大小的容器；也可以在属性栏中选择默认容器尺寸来创建。默认容器尺寸包括手机、平板电脑、桌面、预览、手表、纸张以及社媒类型。

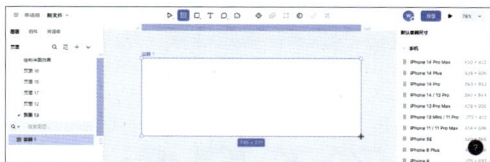

图A-8

3. 形状工具

使用形状工具可以绘制你需要的图形。在工具栏中默认显示的是"矩形工具"□，单击"形状工具"□，可以在其子菜单中选择圆、直线、多边形、星形及图片，如图A-9所示。按住Shift键可以绘制等边图形，或者以45°的倍数绘制直线；按住Alt键可以从图形的中心创建形状并调整形状的大小；按住Shift+Alt组合键可以同时执行这两项操作。

图A-9

应用秘技

图片工具支持 PNG、JPEG、WEBP、GIF格式的图像。

4. 钢笔工具组

鼠标指针悬停在"形状工具"□上，在其子菜单中显示钢笔工具组中的工具：钢笔工具和连接线工具。

● 钢笔工具 ✍（快捷键P）：使用该工具可以在画布上绘制任意图形，并且可以在封闭图形外添加点，连接组成新的图形。选择该工具，在画布上单击以新建锚点，在曲线需要转弯的地方单击并按住鼠标左键不放，拖曳鼠标调整曲线，此时处于编辑模式，如图A-10所示。

● 连接线工具 ╭：拖曳连接点，可以自由调整连接线起始点的位置；拖曳连接线上的蓝色手柄，可以调整逻辑连线的路径。创建连线后可添加文字说明，从而直观展现连线的交互逻辑，让产品设计思路更可视化。

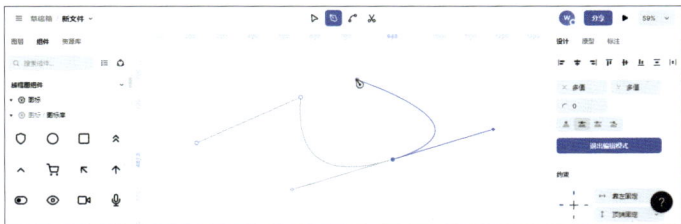

图A-10

应用秘技

钢笔图形的编辑模式，支持调整路径、锚点、曲线等细节，按Enter键完成曲线绘制，同时退出编辑模式。

5. 文本工具

选择"文本工具" T，在画布中单击以创建文本框，输入文字后，在属性栏中设置文本参数，如图A-11所示；也可以通过在画布中拖曳以创建固定宽高的文本框，通过拖曳创建的文本框默认是没有填充内容的，在不输入内容时关闭会取消创建文字。

图A-11

6. 布尔运算工具

选择多个图形，激活布尔运算工具，可选择进行联集、减去顶层、交集、差集和拼合等操作来调整形状，如图A-12所示。

- **联集**：将选定形状合并，然后将描边施加到合并后形状的外部路径，忽略重叠的任何路径。
- **减去顶层**：减去顶部的形状。
- **交集**：形状仅为两个图层的重叠部分。
- **差集**：与交集相反，仅显示两个图层的不重叠区域。
- **拼合**：将布尔运算图层合并为一个图。

图A-12

7. 蒙版

选择图层后单击"蒙版" ◎ ，可以将任何图层转换为蒙版。使用形状作为蒙版时，蒙版将应用于图层面板中同级上方的图层，如图A-13所示。选择已经成为蒙版的图层，单击"蒙版" ◎会将其转换为普通图层。

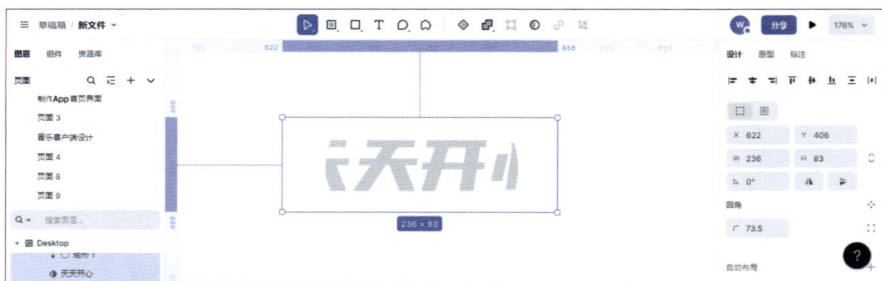

图A-13

A.3 组件与样式

组件是可以在设计中重复使用的元素。样式则是创建和保存的图形、文字、颜色、描边、特效和布局网格等属性集合。

1. 创建组件

可以在任何图像或图层中创建组件。选择"矩形工具"，绘制矩形，添加文字和图标，选中所有内容，如图A-14所示，单击"创建组件" ◇ 按钮，创建组件，如图A-15所示。单击"新建可变组件"◇按钮，新建可变组件，如图A-16所示。

 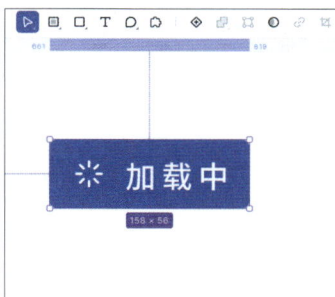 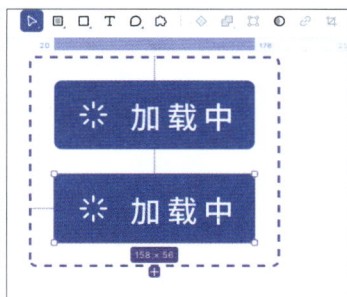

图A-14　　　　　　　图A-15　　　　　　　图A-16

2. 应用预设组件

在图层栏中单击"组件"，可在"线框图组件"中选择"图标"和"组件"两个选项组的预设模板。图A-17所示为应用"组价/卡片"模板效果，可双击组件模板进入编辑模式以更改内容。

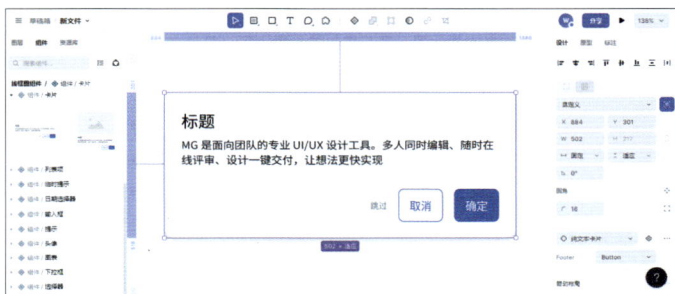

图A-17

3. 创建样式

通过创建样式，可以把图像的属性保存下来，并在其他图像上重复使用。

通常，样式包括如下几种类型。

（1）圆角样式

选中图像，在属性栏中，单击"展开圆角"∷按钮，设置圆角参数，如图A-18所示。单击"创建或使用样式"∴按钮，在弹出的"圆角样式"对话框中可以创建、搜索样式等，如图A-19所示。单击"创建样式"按钮，设置样式名称，应用后的效果如图A-20所示。

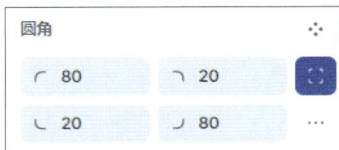 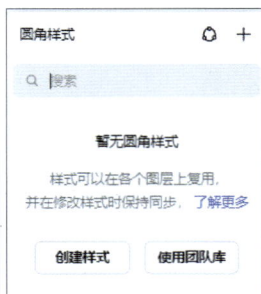 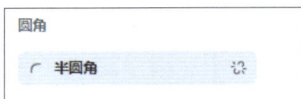

图A-18　　　　　　　图A-19　　　　　　　图A-20

（2）间距、边距样式

选择多个图形，可在"自动布局"中设置图形的间距、边距样式。以设置间距为例，可选择水平、垂直方向对齐，设置分布间距，如图A-21所示。单击"创建或使用样式"∴按钮，在弹出的

"间距样式"菜单中可创建样式，应用后的效果如图A-22所示。

图A-21　　　　　　　　图A-22

（3）文字样式

使用文本工具输入文字，在属性栏中设置文字参数，如图A-23所示；单击"文字设置"··按钮，可设置文字设置参数，如图A-24所示；单击"创建或使用样式"··按钮，在弹出的"文字样式"菜单中可创建文字样式或应用预设文字样式；单击"创建文字样式" +按钮，添加文字样式名称，效果如图A-25所示。

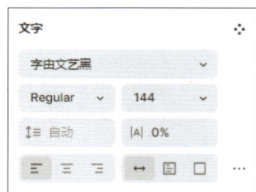

图A-23　　　　　　　图A-24　　　　　　　图A-25

（4）颜色样式

颜色样式主要用于为图形和文本填充纯色、渐变色以及设置描边样式。创建文本或图形后，在填充或描边选项中可单击颜色，在弹出的对话框中设置纯色或渐变参数。图A-26、图A-27所示分别为设置纯色和径向渐变参数。单击"创建或使用样式"··按钮，在弹出的"颜色样式"菜单中可创建颜色样式或应用预设颜色样式，如图A-28所示。

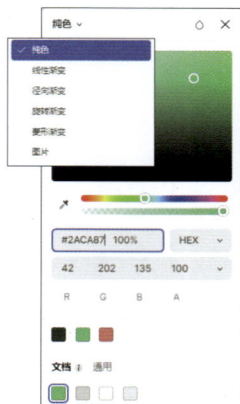
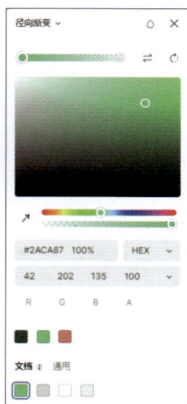

图A-26　　　　　　　图A-27　　　　　　　图A-28

（5）特效样式

在属性栏中可以创建外阴影、内阴影、高斯模糊及背景模糊特效样式，如图A-29所示。单击"创建或使用样式" ⊹ 按钮，在弹出的"特效样式"菜单中可创建特效样式或应用预设特效样式，如图A-30所示。选择样式后，单击"编辑样式" ⇄ 按钮，在弹出的"编辑样式"对话框中可调整样式参数，如图A-31所示。

图A-29　　　　图A-30　　　　图A-31

A.4　原型交互

在MasterGo中可以放心使用原型模式快速创建种类丰富的交互效果，可以通过单击、悬停、按下、拖曳、延迟等效果在容器与容器、容器与图层、图层与图层间创建交互流程，并进行演示。在属性栏顶部选择"原型"，切换至原型模式，画布右侧会显示设计稿的通用设置信息，如图A-32所示。

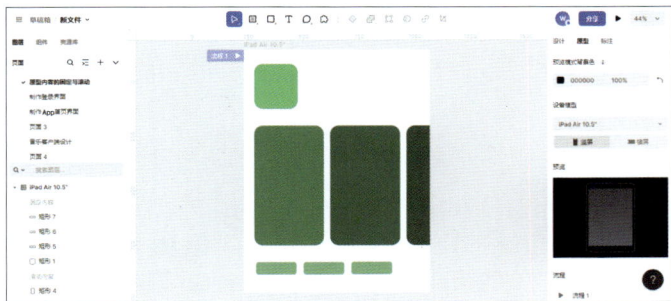

图A-32

在右侧可对模型的以下信息进行设置。
- 预览模式背景色：设置演示原型时的舞台背景。
- 设备模型：选择设备模型，可以在"预览"中看到设备的正面样式，并在演示原型时模拟真机效果。
- 流程：选中一级容器，在右侧属性栏中添加流程。可以对该流程进行演示 ▶ 、定位起始页面 ⊕ 、复制链接 ⊘ 等操作，右击可以对其重命名或将其删除。

单击画布左侧的"流程1"选中画布，右侧属性栏会显示所选内容的交互设计信息，如图A-33所示。
- 流程起点：为一级容器添加流程起始点，创建流程。选中一级容器（画布上的最外层容器）为其添加一个流程起始点。

● 交互：选中图层后，可在画布中拖曳连接器添加交互，也可在右侧属性栏中的"交互"中单击+按钮设置交互。

● 溢出行为：设置无溢出行为、水平、垂直、水平和垂直方向的滚动效果。

图A-33

下面将对原型的交互设置进行介绍。

1. 交互

在"交互"中可以设置触发、动作以及动画选项，如图A-34所示。

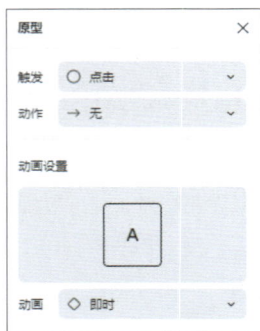

图A-34

（1）触发

MasterGo原型功能支持在设计稿中添加多种交互行为，可以清晰地梳理页面逻辑，模拟用户的交互方式。在交互过程中，引起这些交互行为的动作叫作触发。在演示时，用户在指定区域做出设计的触发行为，会播放对应的交互动作。目前，MasterGo支持的触发种类有点击、悬停、按下、拖曳、按下鼠标、抬起鼠标、光标移入、光标移出、延迟，如图A-35所示。

● 点击：按下鼠标左键后释放鼠标左键。

● 悬停：鼠标指针悬停在目标容器或图层上。

● 按下：持续按住鼠标左键，按住鼠标左键时触发生效，释放鼠标左键即恢复。

● 拖曳：按下鼠标左键并拖曳鼠标。

● 按下鼠标：完成按下鼠标左键的动作。

● 抬起鼠标：完成释放鼠标左键的动作。

● 光标移入：把光标从目标容器或图层外部移入其内部。

● 光标移出：把光标移出目标容器或图层。

● 延迟：在"延迟"选项的右侧可以设置延迟时间。

图A-35

（2）动作

一个容器或图层在设置了触发之后，前往另一个容器、打开链接或返回上一级的这种用户路径叫作动作。目前，MasterGo支持的动作种类有前往、返回上一级、容器内滚动、打开链接、切换组件状态、打开浮层、关闭浮层、替换浮层，如图A-36所示。

● 前往：可前往除自身所在的一级容器之外的所有一级容器。
● 返回上一级：可返回上一级。
● 容器内滚动：当容器区域大于原型演示界面区域时，选择该选项可实现同一容器内，演示界面区域从触发图层位置滚动到目标图层位置的目的。
● 打开链接：选择该选项后在右侧可输入要打开的网址。
● 切换组件状态：可以在既有的组件状态之间设置跳转关系。
● 打开浮层：在任意容器或图层均可设置"打开浮层"，而"打开浮层"的对象只能是容器，不能是图层。
● 关闭浮层：只生效于已经设置为浮层的容器。
● 替换浮层：在原来的浮层上进行相应触发之后会替换新的浮层。

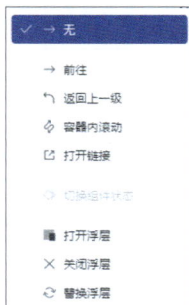

图A-36

注意事项：

通常，浮层用于Dialog、Alert、Toast或"抽屉"等会悬浮在已有页面的通知或临时页态的设计中。

（3）动画和效果

动画是指在设计交互时，从一个页面到另一个页面的过渡过程。MasterGo 提供多种动态过渡效果，可以满足更加灵活、多变的交互需求。MasterGo 目前有即时、溶解、滑入、滑出、移入、移出、推入、智能动画共8种动画形式，如图A-37所示。可在预览区域对任意选择的动画进行预览，方便选出合适的动画。

设置动画以后，可以在"效果"中为动画设置变化速度等。MasterGo支持线性渐变、缓入、缓出、缓入缓出、后撤缓入、停滞缓出和弹性渐变共7种预设的过渡效果，同时支持自定义过渡效果，以增加更多的视觉变化，如图A-38所示。

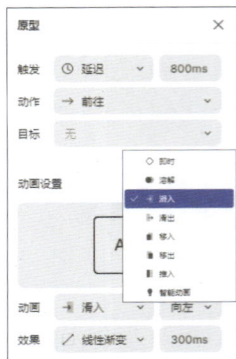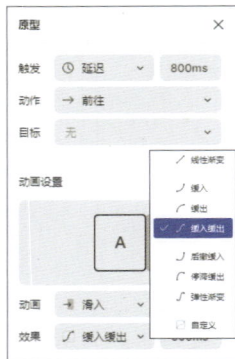

图A-37   图A-38

注意事项：

与其他动画形式不同的是，智能动画可以根据两个关键帧之间的位置、颜色、形状等因素的变化自动填充补间，以形成一个渐变过程。

2. 溢出行为

在制作原型时，可以通过为容器设置溢出行为来实现演示时的滚动效果。通过选取不同的滚动方式，可以实现纵向列表、横向列表、照片墙或互动地图等交互效果，构建出复杂或高保真度的原型。

当容器中有元素超出了容器所框选的范围时，在原型模式下选中该容器，则可在属性栏中的"溢出行为"中进行设置，以便展示滚动效果。滚动效果包含无滚动、水平滚动、垂直滚动、水平&垂直滚动，默认为无滚动。

● 无滚动：页面不会滚动展示，超出容器框选范围的元素不会在演示时被看到。

● 水平滚动：当有元素在水平方向超出了容器的框选范围时，设置该选项，可以在演示时水平滚动页面，以便展示所有内容。

● 垂直滚动：当有元素在垂直方向超出了容器的框选范围时，设置该选项，可以在演示时垂直滚动页面，以便展示所有内容。

● 水平&垂直滚动：当有元素在水平方向和垂直方向均超出了容器的框选范围时，设置该选项，可以在演示时在水平方向和垂直方向滚动页面，以便展示所有内容。

设置完成，单击界面右上角"预览" ▶ 按钮或单击画布中的"流程1"旁的▶按钮，进入演示界面，选择要演示的流程，如图A-39所示。

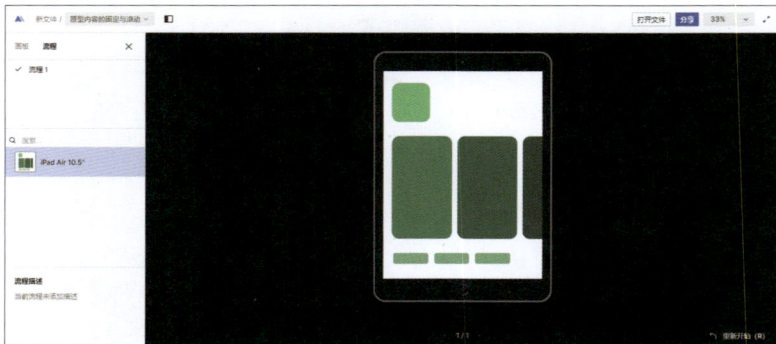

图A-39

A.5　协同评论

使用MasterGo只需分享一个链接即可与整个团队在同一个云端协作平台内沟通、协作，完成设计稿的修改与最终交付。

通常，协同评论包括以下几项。

1. 文件分享

单击界面右上角"分享"按钮，在弹出的弹窗中可选择分享个人文件和团队文件。当通过链接共享文件时，任何具有该文件链接的人都可以查看该文件。单击下拉按钮，在打开的下拉列表中可以选择访问者的权限，如图A-40所示。

● **可查看**：访问者可以查看和添加评论，将文件复制到他们的个人草稿，可以与其他访问者共享文件；但不能更改文件名称、内容和删除文件。

● **可编辑**：访问者可以完全更改文件和项目，包括文件名称、内容和权限。

图A-40

2. 标注模式

拥有文件编辑权限的用户（可编辑），进入文件后单击上方标签页的"标注"即可进入标注模式。没有文件编辑权限的用户（可查看），进入文件后默认进入标注模式。

在标注模式下，可在画布内快速查找图层的尺寸、边距等信息，如图A-41所示，所有标注区域的属性均可通过单击实现一键复制。为满足不同项目的开发需求，MasterGo支持Web、iOS和Android代码的展示，访问者根据需要在画布右上方选择相应的代码即可，如图A-42所示。

图A-41　　　　　图A-42

3. 评论工具组

MasterGo中的评论工具组包括评论工具、校对工具以及圈话工具。

（1）评论工具

一个项目的设计过程中，往往需要各团队成员基于设计稿频繁沟通、分析、研讨、审核、校对等。使用传统沟通方式，容易出现沟通不及时、信息不对称、追溯性差、项目状态不清晰等一系列协同问题。

选择"评论工具" ⬭，在任意位置单击，在弹出的评论框中可添加文字和表情评论，还可以@其他成员，如图A-43所示。

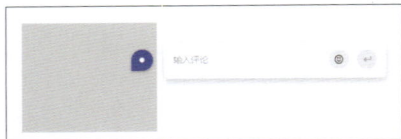

图A-43

应用秘技 ✂ ▶

　　评论模式下，无法对画布中的对象进行更改操作，需要切换到另一个工具才可恢复编辑能力。

（2）校对工具

使用MasterGo 的校对功能，只需在要修改的文案旁标记新的文案，设计师即可一键替换。这样做既高效，又不需要给团队以外的人开通编辑权限，能够在确保文件安全的同时与他人高效协同。

选择"校对工具" ✎，当鼠标指针移动至文字图层上时，文字图层会显示蓝色虚线框，单击虚线框中的文字后，鼠标指针落点处会出现校对评论标识和弹窗，可以在此弹窗的文本框中输入文字，如图A-44所示。

当鼠标指针移动至校对标记点时，会出现校对预览弹窗。在预览弹窗中单击"查看"按钮可查看详细内容；单击"应用"按钮可将"校对文案"的内容应用到设计稿中，完成文案的修改/替换，如图A-45所示。

图A-44　　　　　　　　　图A-45

应用秘技 ✂ ▶

　　若"校对"中的文字并不需要进行修改/替换，在校对预览弹窗中单击"查看"后，单击"忽略"，即可忽略此校对评论内容。

（3）圈话工具

圈话工具的功能是通过录屏和语音让我们将想要说的话实时进行记录，将指出的问题快速绘制标记，以降低沟通成本，提高团队成员在沟通过程中的协同效率。

选择"圈话工具" ⊡，单击画布任意位置出现标记点，标记点右侧会出现圈话操作弹窗，如图A-46所示。

图A-46

A.6　切图和导出

通过将图层和切图导出为多种类型的图片，将这些图片设计素材流转到产品经理或开发工程师手中。

切图和导出的步骤如下。

1. 创建切图

切图工具可以圈出画布中的任何区域，并将圈出的区域变成一个"特殊的图层"，这样就可以通过设置倍率、前缀和后缀的方式将这个"特殊的图层"生成并导出为PNG、JPG、WEBP和PDF等不同类型的素材。

选择"切图工具" ✐ ，通过绘制框来控制需要切取的区域。绘制的框可以随时修改宽、高及层级位置，如图A-47所示。切图的范围用虚线框选表示，如图A-48所示。

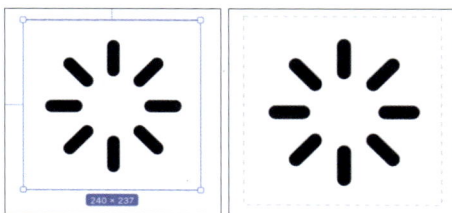

图A-47　　　　　图A-48

2. 导出预设

交付给开发工程师的图片使用一些特定的格式会提高图片的可读性，方便进入开发流程。在画布中选择导出的图层后，在属性栏中单击 ❖ 按钮，如图A-49所示，选择需要的预设项，即可导出。

图A-49

单击"导出"右侧的 ❖ ，弹出以下几项列表项，分别说明如下。

● iOS预设：苹果生态平台，如图A-50所示。
● Android预设：Android生态平台，如图A-51所示。
● Flutter预设：越来越多的开发者正通过Flutter平台来构造各类应用，如图A-52所示。
● 删除所有设置：选择该项，则删除所有的设置内容，此选项应慎重操作。

图A-50　　　　　　　图A-51　　　　　　　图A-52

　　在"导出"选项中各选项的功能介绍如下。

（1）导出倍率（x）

　　导出倍率是指导出图片的尺寸为图层实际尺寸的多少倍，比如选择2x时，导出图片的尺寸为图层的2倍。

（2）设置导出图片名称的前缀/后缀

　　通过单击 ··· 来切换设置导出图片名称的前缀/后缀，可以方便地命名导出的尺寸等信息，提高开发工程师查看的效率。

（3）导出格式

　　MasterGo 支持多种格式（包括PNG、JPG、PDF、WEBP及SVG等）的图片导出，并且可以方便地将各类图层快速地导出为图片。

● PNG：一种无损压缩的位图图片格式，一般用于 Java 、网页等，压缩比高、生成文件体积小。

● JPG：常见的位图图片格式，由于该格式使用了有损压缩的方式，会对图片质量进行一定的压缩。

● PDF：常见的电子文件格式，以PostScript语言图像模型为基础。

● WEBP：常用于网页，同时提供有损压缩与无损压缩的图片格式，可让网页图档有效压缩又不影响图片格式的兼容性和图片的清晰度，从而使网页的整体加载速度变快。

● SVG：基于可扩展标记语言的、用于描述二维矢量图的图形格式，支持无限缩放且不失真。

注意事项：

单击+按钮可增加导出设置，每一个设置对应一张图片；单击−按钮可删除"导出设置"选项。

3. 导出Sketch格式

　　MasterGo 的文件可导出为 Sketch 格式，导出后可在Sketch中打开，以便作为本地备份或者向其他团队展示设计文件。选中图层，在菜单栏中选择"文件>导出为Sketch"命令，在子菜单中可选择"默认格式"或"保留实例覆盖"，如图A-53所示。

图A-53

● 默认格式：选择该选项导出文件时，会保留组件实例的引用关联关系，但会丢失实例的覆盖（包括颜色、文字等）。当有较多实例具有覆盖时，会产生较明显的偏差。

● 保留实例覆盖：选择该选项导出文件时，会将具有覆盖的实例变成组导出，虽然实例会丢失和组件的关联关系，但是实例的覆盖可以完整保留，因此具有较高的还原度。

应用秘技

　　实例是组件的副本，当修改组件的属性时，实例也随之变化，可达到"一处更改，多处生效"的效果。同时也可对实例进行单独修改，这种单独修改即"覆盖"。

附录B 一站式UI设计协作工具Pixso

B.1 认识Pixso

Pixso是集UI设计、原型制作、团队协同、设计交付、资源管理于一体的设计软件，具有为设计赋能、云端为先、支持私有化部署等特点。在浏览器中搜索"Pixso"进入官网，如图B-1所示。

图B-1

单击"免费下载"按钮，下载Windows版Pixso客户端，安装后登录并进入工作台，如图B-2所示。

在工作台的右上方单击"导入文件"按钮，在弹出的"文件导入"对话框中可以导入不同类型的文件，如图B-3所示。

图B-2

图B-3

在工作台的左上方单击"新建设计文件"按钮，创建新文件，如图B-4所示。在底部可以根据需要选择所需画板尺寸。

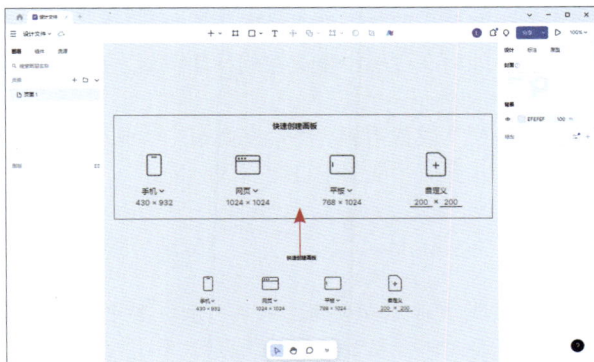

图B-4

在工作台中除了可以新建设计文件，还可以新建白板文件和原型文件。

● 白板文件：Pixso白板的编辑器功能种类丰富，是集思维导图、流程图、无限画板、多种创意表达工具于一体的在线协同白板。白板文件的核心场景有创意与灵感探索，头脑风暴、探索想法与创作，收集想法、记录反馈并组织研究，对设计进行反馈会议，计划事项、开始会议和互动演示。

● 原型文件：可以使用在线原型稿进行交付，或导出PIP（原型）格式文件进行交付。

以新建网页为例进行介绍。

单击"网页"，快速创建默认尺寸画板，如图B-5所示。

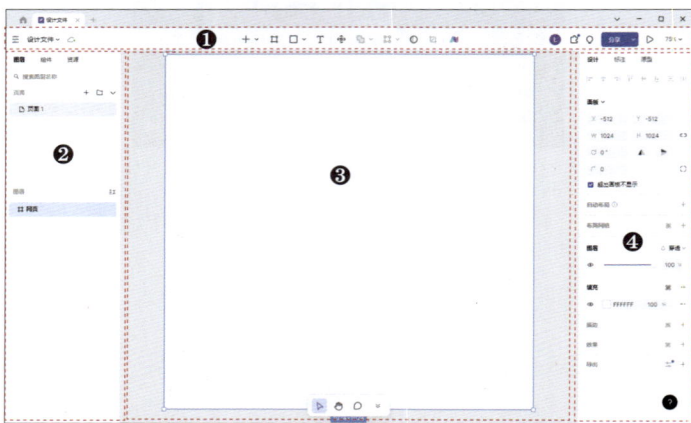

图B-5

❶ 工具栏：包含设计时可能使用的各种工具和功能。

❷ 图层面板：左侧面板中有4个标题，分别是图层、组件、资源和页面。可以使用这些标题在图层面板中的每个面板之间切换。

❸ 画布：所有画布、组合和其他图层所在的背景。画布的默认背景颜色值是#E5E5E5。默认情况下，矢量在画布中呈现为与分辨率无关的路径。

❹ 属性面板：在设计时可在该面板中查看、添加、删除或更改设计中的对象的属性，内含"设计"、"标注"和"原型"三大面板。

● 设计：当在"设计"面板中没有选择任何内容时，可查看当前文件中创建的样式；选择内容后，可根据选择的内容的图层类型显示可用的属性设置。

● 标注：在其中可以查看如何在代码中表达你的设计元素，也可以查看所选中元素的基础属性，并且复制属性值。

● 原型：使用所有的原型交互设置功能。可以在画布中的画板之间建立连接，通过连接，可以模拟界面与用户的交互，并在演示视图中进行播放。

在工具栏中单击"菜单"☰图标可以展开主菜单列表，其中包含Pixso的图层操作功能以及用户偏好设置等，菜单选项的右侧会显示相应的快捷键。

- 新建文件：在新的标签页创建一个空白文件。
- 搜索：输入关键词可快速查找所需功能。
- 编辑：包括撤销/重做、复制/粘贴和高级选择功能。
- 视图：控制布局网格和标尺的视图设置、使用缩放功能以及画布中对象的定位。
- 对象：包括图层操作级功能，如组合、画板、蒙版、创建组件、操作层级等。
- 文本：可使用粗体或斜体格式化文本，并设置文本字号、高度和间距。
- 排列：可使用排列对齐和等间距分布功能整理所选择的图层。
- 用户偏好设置：用于调整偏好，设置对象选中效果或图层调整时的微移量。
- 历史版本：可查看已保存的历史版本，并为您的文件创建历史版本。
- 导入：将Sketch、Adobe XD或Pixso文件导入为新的文件。
- 导出：将当前编辑的文件导出为Pixso、Sketch或Adobe XD文件。

B.2 基础工具

工具栏中间部分显示的工具（见图B-6）取决于画布上选择的内容。

图B-6

1. 画板工具

选择"画板工具"（快捷键F/A）⊐，可以在画布上创建各种尺寸的画板，在画板上单击可创建100px×100px的默认尺寸画板；单击并拖曳鼠标可创建自定义尺寸的画板。在属性面板中可以选择画板预设值，例如手机、平板电脑、网页、幻灯片、智能手表、印刷品、其他等，如图B-7所示。

图B-7

可以在现有对象周围创建画板。选中单个或多个对象，右击，在弹出的快捷菜单中选择"创建为画板"，图层中原对象图层（见图B-8）便会更改为画板图层，如图B-9所示。

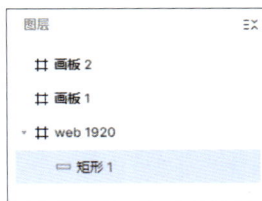

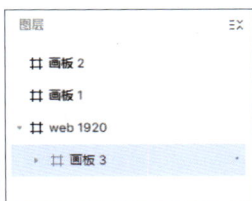

图B-8   图B-9

2.　形状工具

Pixso提供矩形、直线、箭头、圆形、多边形、星形6种图形形状，可以在"形状工具"的下拉列表中选择，如图B-10所示。选择"形状工具"绘制形状后，可在属性面板中设置形状参数，包括尺寸、旋转角度、约束、填充、描边、效果等，部分形状效果如图B-11所示。

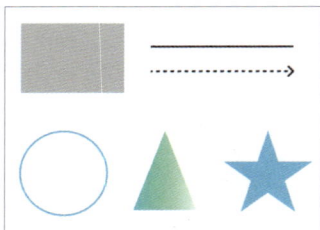

图B-10　　　　　　　　　图B-11

3.　图片工具

选择"图片工具"　，在弹出的对话框中选择需要使用的图片（可选择多张图片），单击"打开"按钮后，画板中显示"加号"光标和缩略图，如图B-12所示，拖曳图片缩略图即可置入图片，如图B-13所示。

除此之外，还可以将图像添加到任何形状中，选择目标形状，置入图像后单击形状即可将图像置于形状中，如图B-14所示。

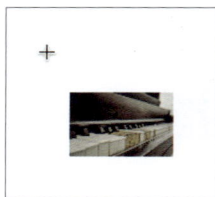

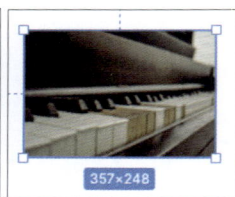

图B-12　　　　　　图B-13　　　　　　图B-14

注意事项：

Pixso支持PNG、JPEG、SVG图片格式。

4.　钢笔工具

选择"钢笔工具"　在画板中分别单击两个端点即可绘制直线；创建端点时按住并朝对应方向拖曳鼠标创建曲线，如图B-15所示。单击"完成"按钮，完成编辑生成矢量图层，双击该矢量图层即可进入矢量编辑模式。

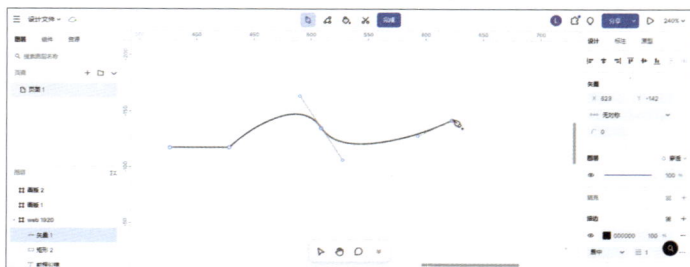

图B-15

在矢量编辑模式中，可以在工具栏中使用钢笔工具、弯曲工具、油漆桶工具以及剪刀工具进行编辑与调整。

- 弯曲工具 ⌥：可随意选择矢量图中的一点进行拖曳，将直线变为弯曲的线条，可根据点的位置进行弯曲角度的变换。
- 油漆桶工具 ◇：可给矢量图中任意封闭空间上色。
- 剪刀工具 ✂：用于切断路径。

5. 文本工具

选择"文本工具" T，在画板中单击或拖曳可以创建文本图层，输入文本，在属性面板中可设置文本参数，如图B-16所示。创建文本图层后，如未输入任何文本时选中其他图层，将自动移除此文本图层。

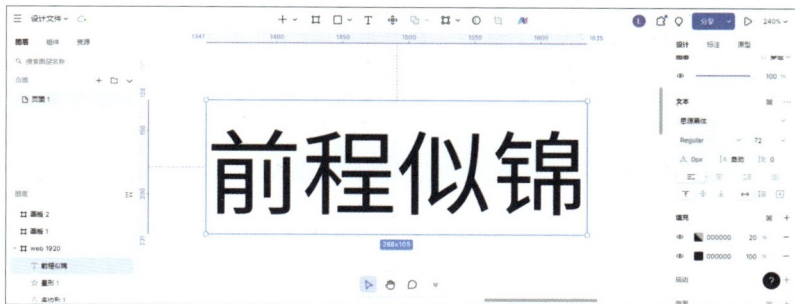

图B-16

6. 布尔组合工具

选择多个图形可激活"布尔组合工具"，在其下拉列表中可以选择任一选项组合形状图层，如图B-17所示。布尔组合被视为单个形状图层，并共享填充和描边属性。原图及其使用布尔组合工具的效果如图B-18所示。后续还可以通过布尔运算与其他布尔组合进行深入融合。

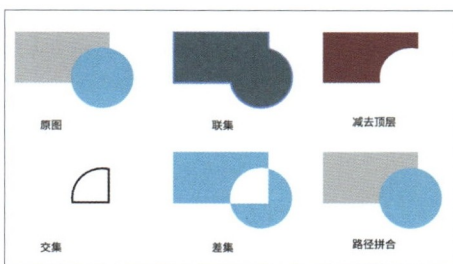

图B-17　　　　　　　　　　图B-18

7. 蒙版工具

选择要用作蒙版的对象，并将其放在所有对象的后面，在工具栏中单击"蒙版工具" ◯，根据图层顺序生成蒙版，如图B-19所示。再次单击"蒙版工具" ◉即可取消蒙版。

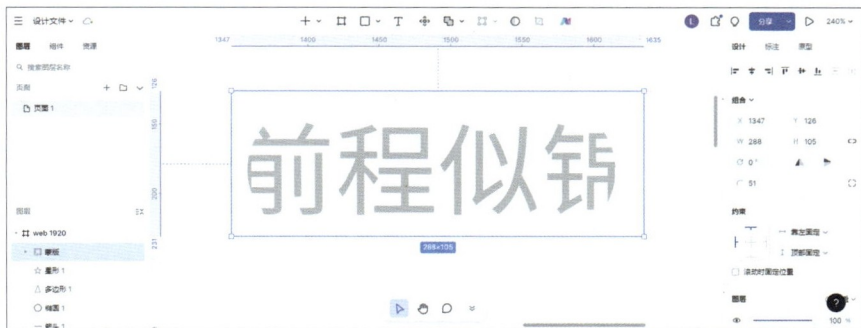

图B-19

8. 裁剪工具

置入图像后，选择"裁剪工具" ✄ ，此时在图像周围显示8个蓝色手柄，如图B-20所示，拖曳即可调整裁剪范围。单击任意位置完成裁剪，双击图像即可进入裁剪状态。

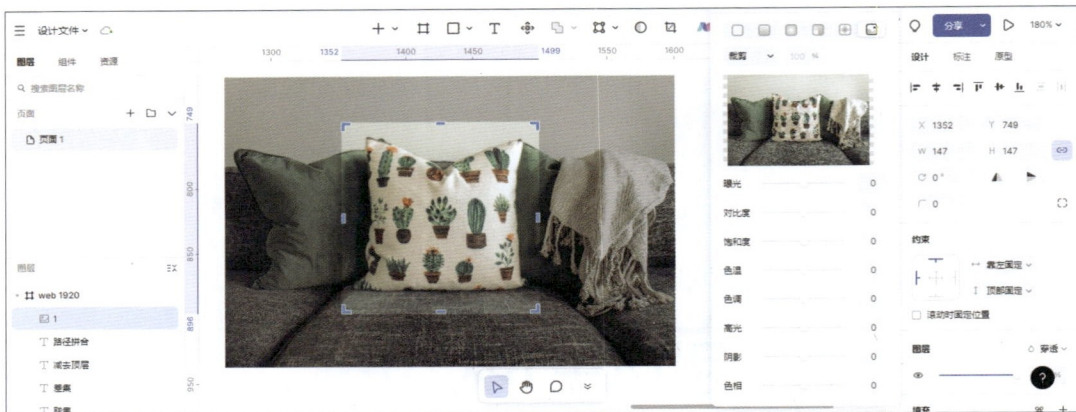

图B-20

B.3　图层属性

选中图层后，可通过键盘移动图层位置，默认位移量为1，最大为10。使用Shift+方向键移动的位移量是最大位移量。

双击图层或者画板中的图层名称可进行重命名，如图B-21、图B-22所示，或者右击图层或画板，在弹出的快捷菜单中选择"重命名"进行重命名。

图层和属性的可见性以"眼睛" ◠ 图标显示，隐藏后的图层（和属性）将以灰色 ◠ 进行显示，如图B-23、图B-24所示。

图B-21　　　　图B-22　　　　图B-23　　　　图B-24

为防止目标图层或对象被移动或编辑，可以将其锁定。如果锁定父级画板或组合，则该画板或组合的所有子级图层也将被锁定，如图B-25所示。若要解锁子级图层需先解锁父级图层，然后选择目标子级图层进行解锁，如图B-26所示。

选中并拖曳图层，可调整图层顺序，如图B-27所示。也可以使用快捷键或者右击，在弹出的快捷菜单中选择相应的命令进行调整。

图B-25

图B-26

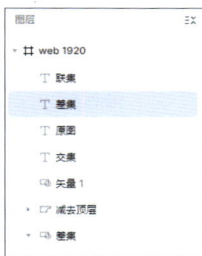
图B-27

应用秘技

　　父对象是包含其他对象的对象（包括画板、组件和组合）。子对象是包含在父对象中的对象。同级对象是包含在同一个父对象中的对象。

　　在属性面板中可以对图层进行以下调整。

1. 对齐与分布

　　对齐与分布工具可以帮助用户在画布上选中多个图层后，快速整理图层相对位置，包括左对齐、水平居中对齐、右对齐、顶部对齐、垂直居中对齐、底部对齐以及垂直等距分布和水平等距分布，如图B-28所示。

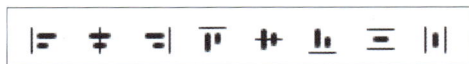
图B-28

应用秘技

　　移动对象时，在两个对象之间会显示水平红色测量参考线，并显示相对距离测量值，如图B-29所示。

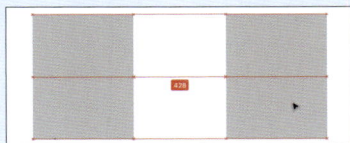
图B-29

2. 显示设置

　　在属性面板中可以调整图层的位置、大小、约束比例、旋转角度以及圆角半径等参数，如图B-30所示。

- X值和Y值：用于调整图层在画布中的位置。
- W值和H值：用于调整图层在画布中的大小。
- 约束比例⇔：可对图层的高或宽进行调整，并自动对另一值进行等比例调整。
- 旋转↻：用于设置旋转角度。
- 翻转图层◢▸：单击◢图标，图层进行水平翻转；单击▸图标，图层进行垂直翻转。
- 圆角半径⌐：用于设置圆角半径；单击◌图标，可设置独立圆角。

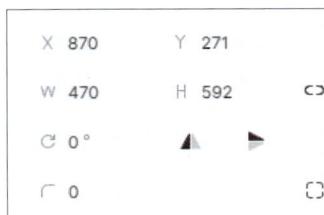
图B-30

B.4 组件和样式

组件是可以在设计中重复使用的UI元素，使用组件能大大降低设计成本，提高工作效率。在图层面板中选择"组件"，可查看以下组件。

- **本地组件**：在此文件中创建的组件，如图B-31所示。
- **已使用**：在此文件中使用的其他库的组件。
- **启用的库**：在团队或组织中启用的资源库。

在"资源"中可以查看预设组件，如图B-32所示。选择任意一组单击以查看，将目标组件拖曳至画板中即可使用，如图B-33、图B-34所示。

 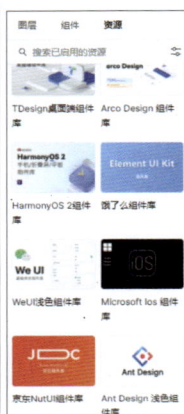 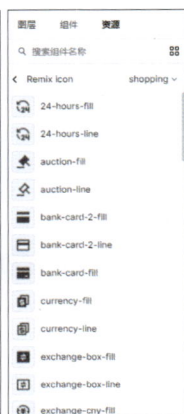 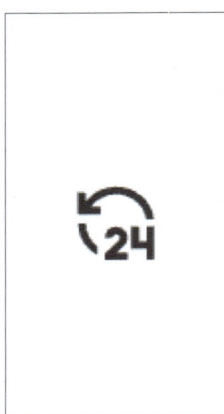

图B-31　　　　图B-32　　　　图B-33　　　　图B-34

应用秘技

组件集只能包含组件，因此无法在组件集中添加文本、描述、画板或对变体进行分组。

Pixso包含以下样式。

1. 颜色样式

颜色样式可以应用于填充样式、描边样式和文字。可以为图像或渐变创建颜色样式。选择需要创建样式的对象，在属性面板中单击颜色色块可以设置颜色参数，图B-35所示为径向渐变效果。单击＋图标，可创建新颜色样式；单击－图标，可删除颜色样式。

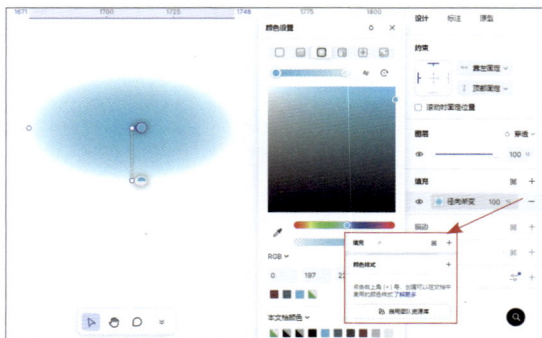

图B-35

　　在描边中，单击"单侧描边"□图标，可以单独设置描边样式；单击"高级属性"⋯图标，可以设置描边样式、虚线参数、虚线样式等参数，如图B-36所示。

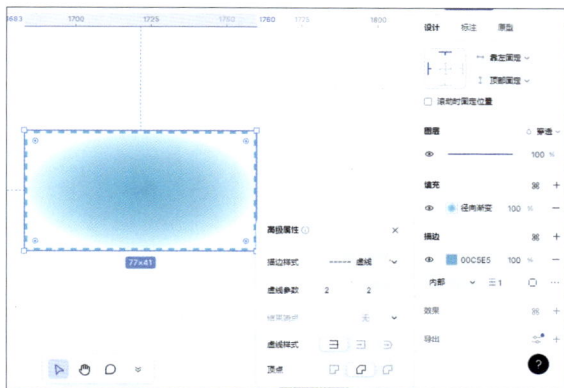

图B-36

2. 文本样式

　　文本样式可以应用于整个文本图层，也可以应用于图层中的部分文本。选择需要创建文本样式的文本，在属性面板中设置文本参数，单击"高级属性"⋯图标可以设置基础和详情等参数，如图B-37所示。在"填充"和"描边"选项中可以为文本设置样式。

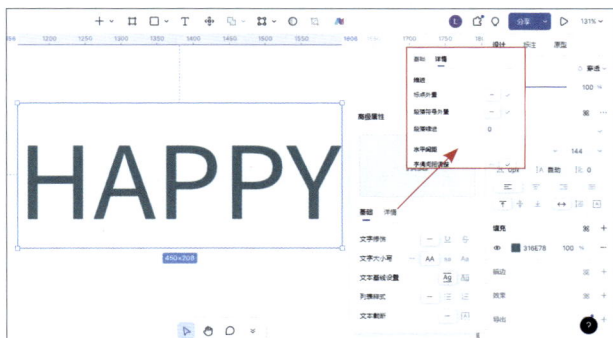

图B-37

3. 效果样式

　　在效果样式中可以添加阴影和模糊效果。选择需要创建效果样式的对象，单击＋图标，创建新效果样式，可选择外阴影、内阴影、高斯模糊和背景模糊这4种效果。单击"效果设置"⟳图标，可以设置效果参数，如图B-38所示。

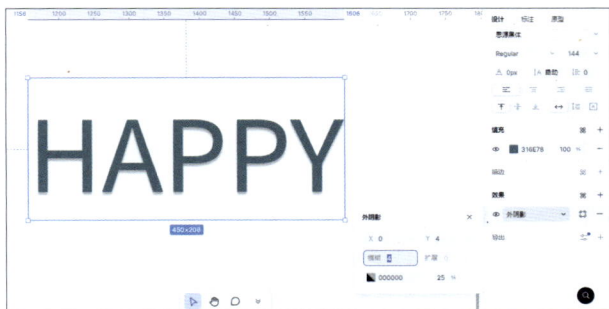

图B-38

应用秘技

　　通过单击"样式" ⌘ 图标可以添加样式。以效果样式为例，单击"样式" ⌘ 图标，在弹出的"样式"对话框中单击＋图标，设置样式名称，如图B-39所示。单击"脱离样式" ▣ 图标后，可修改对象样式，如图B-40所示。

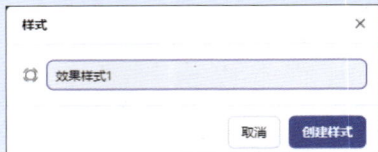

图B-39　　　　　　　　　　图B-40

B.5　原型和动画

　　原型可以在设计稿中在画板与画板、图层与画板之间创建交互事件，并进行演示播放。在属性面板中单击"原型"，进入原型模式，如图B-41所示。

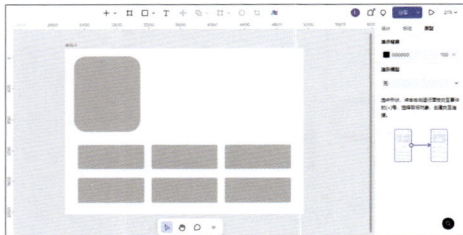

图B-41

　　在右侧的"原型"选项卡中有"演示背景"和"演示模型"两个选项区域，分别介绍如下。

● 演示背景：用于设置演示原型时的演示背景颜色。

● 演示模型：选择设备模型后，可以在"预览"中看到设备的正面样式，并在演示原型时模拟真机效果。

　　在原型模式下选中画板内的图层或画板，选中图层或画板后，在四周边框的中心会出现触发点 ⊕。用鼠标单击并拖曳触发点至目标画板，即可完成创建交互事件，图B-42所示为图层和画板之间的交互效果。

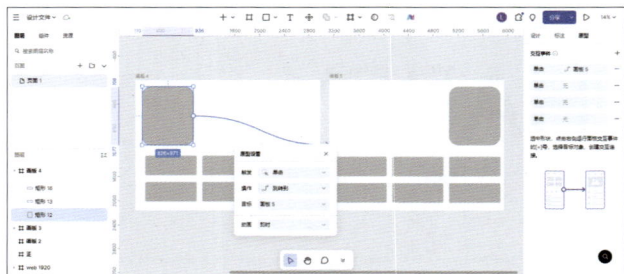

图B-42

在弹出的"原型设置"对话框中可以设置触发、操作、目标及动画。

● 触发：决定在发生什么动作下，事件会被激活并开始生效。在"触发"中可选择"单击""双击""拖曳""悬停时""按下时""鼠标移入""鼠标移出""按下""松开"及"延时"选项，如图B-43所示。

● 操作：决定事件被触发后，会进行什么样的行为。在"操作"中可选择"跳转到""变体切换""打开弹窗""切换到弹窗""返回上一个画板""关闭弹窗"及"打开链接"选项，如图B-44所示。

● 目标：决定事件最终的目的地。在"目标"中可设置跳转的画板，暂不支持跨页面进行跳转。

● 动画：可以丰富事件产生行为的多样性。在"动画"中可以选择"即时""溶解""智能动画""移入""移出""推""滑入"以及"滑出"选项，如图B-45所示。

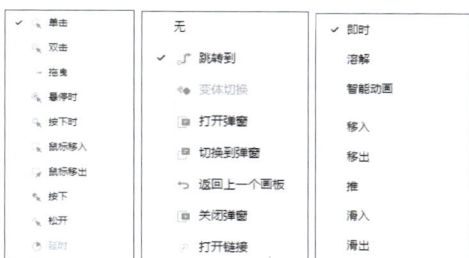

图B-43　　　　图B-44　　　　图B-45

选择画板时，在属性面板中可以设置流程起始点以及溢出滚动，如图B-46所示。

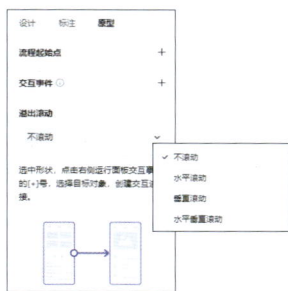

● 流程起始点：在创建交互事件时，会默认在初始画板左上角创建流程1 流程1 ▶，单击▶进入播放界面。单击＋图标，可添加交互流程；单击－图标可删除交互流程。

● 溢出滚动：用于设置滚动效果，包括不滚动、水平滚动、垂直滚动以及水平垂直滚动这4种效果。

图B-46

B.6　交付与协作

通过标注可以查看和复制所选择图层的属性值，具体包括以下属性值。

● 对象尺寸和布局约束的值。

● 文本图层的内容。

● 文本图层的排版属性，包括字体、粗细、行高等。

● 使用填充面板查看Hex、RGB、CSS、HSL和HSB的颜色值。

● 查看和复制对象的阴影（内阴影和外阴影）和描边的值。

在属性面板中单击"标注"，进入标注模式，如图B-47所示。

在标注模式中，将鼠标指针移动至任意位置可以测量出该位置与其他位置的间距，如图B-48所示。

图B-47

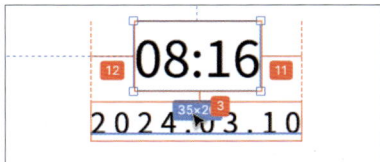

图B-48

下滑至代码模块即可查看参考代码，单击"复制"按钮即可复制参考代码，如图B-49所示。单击 图标，可开启代码模式；单击 图标，可开启表格模式，如图B-50所示。

图B-49　　　图B-50

在属性面板中单击"切图"，进入切图模式，选择切图对象，单击"切图预设" 图标，可选择不同平台的预设，如图B-51所示。选择不同的预设即可添加相应的属性，图B-52、图B-53、图B-54所示分别是iOS预设、Android预设以及Web预设的属性。

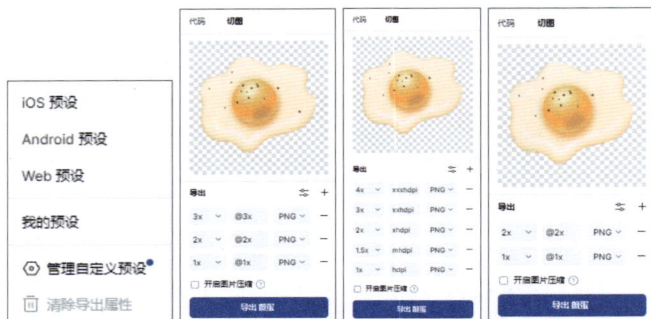

图B-51　　　图B-52　　　图B-53　　　图B-54

勾选"开启图片压缩"复选框，可以选择高、中、低这3种品质的压缩等级，如图B-55所示。

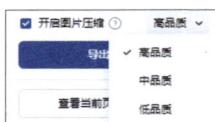

图B-55

单击属性面板上方的"进入研发模式"，画板中会默认展示所有的顶层画板，右侧会展示当前页面所有的切图信息，可以批量下载设计师切好的图片，如图B-56所示。

图B-56

单击"分享" 分享 按钮，可以链接或邮箱的方式进行分享，打开分享链接默认进入研发模式画布。单击"退出研发模式"回到设计画布中。